1권

· 미분방정식 ·

공업수학이라면 이제 만화로 공부하세요 제2판

조재경 지음

KYOWOO

자연이란 위대한 저술은 수학의 언어로 씌여져 있다.
나!
나 누구냐고?
나 갈릴레오 갈릴레이다

머리말

공업수학은 공학의 모든 분야의 밑바탕이 되는 수학으로서, 대학교 1학년생들이 배우는 대학수학(미적분학)에 뒤를 이어, 공과대학의 거의 모든 학과의 2학년생들이 대학과정에서 마지막으로 배우는 수학입니다. 공업수학은 공과대학의 전 분야에 걸친 수학적인 응용 예를 다루므로 내용이 방대하고 어려워서 이해하기가 쉽지 않고 가르치기도 쉽지 않습니다.

이 책에서는 공업수학의 개념들을 가능한 한 쉽게 파악할 수 있도록 만화를 통하여 구어체로 강의하듯이 풀어 썼으며, 또한, 눈에 보이지 않는 여러 가지 개념들의 속뜻을 최대한 이해하기 쉽도록 적확한 상황을 설정하여 만화로 시각화 하는데 많은 시간을 할애했습니다.

공업수학의 개념들을 시각화하려는 이유는 우리의 인식이 우선 시각적인 것에서 출발하여, 그 후에 그것에 대한 논리를 세워서 서술하는 과정 속에서 형성되기 때문입니다. 그러나 우리가 보통의 수학책을 읽을 때에는, 책의 서술을 바탕으로 그것들에 대한 그림을 머릿속에 그리려고 애쓰는 순서가 뒤바뀐 과정을 행합니다. 이러한 과정이 수학의 추상성과 결부되어 수학이 어렵게 느껴지는 이유 중의 하나 일 것입니다.

이 책에서는 또한 수학을 공학을 위한 수단으로 활용한다는 공업수학의 본래의 목적에 충실하고자, 수학의 엄밀성에 기초한 증명들은 가급적 생략하고, 수학적 핵심만을 추출하여, 가능한 한 우리 생활 속의 많은 공학적 응용 예와 결부시키려고 노력했습니다. 어울러 단순히 식을 푸는 방법보다는, 그 식이 의미하는 것이 무엇인가, 왜 그런 것을 배우는가. 어디에 응용되는가, 그리고 어떤 현상을 보고 그것에 대한 식을 세울 줄 아는 능력 배양에 중점을 두어, 본문에서는 핵심 개념들을 시각화하여 설명하였고 각 단원말의 퀴즈에서는 개념 파악의 심화 예와 구체적인 계산 예를 제공했습니다.

이 책은 공과대학 2학년 교과인 공학수학의 교재로 집필되었으며, 아래와 같이 모두 4권으로 구성됩니다.

제1권 (상)미분방정식
제2권 선형 대수학과 벡터 미적분학
제3권 푸리에 해석과 편미분 방정식
제4권 복소 해석과 수치 해석

공학수학을 1, 2학기 두 학기 동안 주당 3시간 이상 강의하는 경우에는 다음과 같이 강의를 구성할 수 있습니다.

1학기: 제1권 (상)미분방정식, 제2권 선형 대수학과 벡터 미적분학
2학기: 제3권 푸리에 해석과 편미분 방정식, 제4권 복소 해석과 수치 해석

선형대수학을 1학년 때 배우고. 벡터 미적분학(벡터 해석)과 수치해석을 다른 과목에서 배우는 학과에서는 다음과 같이 강의하면 여유 있는 강의가 가능합니다.

1학기: 제1권 (상)미분방정식
2학기: 제3권 푸리에 해석과 편미분 방정식

공업수학을 한학기만 강의하는 경우에도 위의 제1권과 제3권만을 강의할 수 있습니다.

이 책이 독자 여러분들의 공업수학에 대한 흥미를 유발하여 공업수학 공부의 동기를 제공하고, 또한 공업수학에 대한 이해의 폭을 넓히는데 도움이 된다면 큰 기쁨이겠습니다.

출판에 힘써주신 도서출판 교우사의 오판근 사장님, 만화를 그려준 박명수 님, 그리고 이 책이 나오기까지 수고해 주신 모든 분들께 깊은 감사를 드립니다.

조재경

차 례

제2권 선형대수학과 벡터미적분학

제1부 선형대수학

1. 선형대수학을 배우는 이유
2. 행렬의 곱셈
3. 연립방정식
4. 행렬의 고유치, 고유벡터

제2부 벡터미적분학

1. 벡터미분학
2. 벡터적분학

제3권 푸리에해석과 편미분방정식

제1부 푸리에해석

1. 푸리에급수
2. 푸리에적분
3. 푸리에변환

제2부 편미분방정식

1. 파동방정식
2. 열전도방정식
3. 라플라스방정식
4. 적분변환을 이용한 편미분방정식의 풀이

제4권 복소해석과 수치해석

제1부 복소해석

1. 복소함수
2. 복소함수의 미분
3. 복소함수의 적분
4. 복소함수의 적분을 급수를 이용하여 간단히 구하는 법
5. 복소적분을 이용하여 실적분을 구하는 법

제2부 수치해석

1. 수치해석이란?
2. 반복법을 이용한 방정식의 풀이
3. 함수의 사이값 알아내기
4. 수치미적분
5. 연립방정식의 수치해법
6. 상미분방정식의 수치해법
7. 편미분방정식의 수치해법

M/E/M/O/

1. 미분
방정식
이란?

내일 공업수학 중간고산데 암만 읽어봐도 무슨 소린지 모르겠네.
아! 공업수학 없는 세상에 살고 싶다. 음냐. 음냐 이대로 아침까지 자면 어떡하지
펑
미방아
나는 공수도사다. 내 특별히 널 어여삐 여겨 네 시험을 도와주러 왔느니라.
웬 남자?
끌!
아니 그렇게 황홀한 말씀을
따라와 봐라
寺林少
앗! 쇼림사

172,
173
빨리 빨리 3백번씩
쿵 쿵 쿵
쿵 쿵 쿵
으~이~아뜨~
저~이··· ~떠거···
알았지
뭘요?
공업수학은 무술 수
련 과정과 같은거야.
무림에 나가서
고수들과 겨루려면
기초를 튼튼히 하지
않고서는 버
티기 어렵지.

다시말해서 공업수학을 배운다는 것은 무술의 기본을 배우는 것과 같은 거야. 무술의 기본에는 기본 체력, 손기술, 발기술 등이 있지.
공업수학 = 무술의 기본
寺林少 2km
그럼 가장 중요한 기본 체력에 해당하는 것은 공업수학에서 뭔가요?
그거야 미분 방정식이지
기본체력 = 미분 방정식
하기야, 이제 생각이 났는데 공업수학책의 거의 절반이 미분 방정식에 대한 거였어

중간고사 시험범위도
미분 방정식이잖아!
도사님!
미분 방정식에 대해서
가르쳐 주세요.
책을 아무리 읽어봐도
모르겠어요.
꼭요!

3일 동안만 날 따라 다녀라.
널 미분 방정식 도사로
만들어 줄게.

미분 방정식이
도대체
왜 그렇게
중요한가요?
우리가
사는 세상의
모든 물체의 상태는
속도에 의해서
규정되기
때문이지.

속도 = 일정
속도 ≠ 일정
속도 = 0
즉, 물체의 상태는 오직
3가지가 있을 뿐이야.
1) 속도가 영이거나
2) 속도가 일정하거나
3) 속도가 변하거나 이지.

그런데 속도라는 것은 거리(l)를 시간(t)에 대해서 미분한 것 $\left(\frac{dl}{dt}\right)$이니까, 결국 미분한 항 $\left(\frac{dl}{dt}\right)$이 들어가게 돼서 미분 방정식이 되는 거란다.
너 뉴턴이라고 들어 봤니?
그럼요! 뉴턴의 제1법칙, 제2법칙, 제3법칙 정도는 고등학교 때 배워서 알고 있어요!
제3법칙은 물체의 상호작용에 관한 거니까 제외하고 제1, 제2법칙에 대해 생각해 보자.
1
제1법칙이 뭐지?
그거야 관성의 법칙이죠. 어떤 물체에 힘을 가하지 않으면 계속 현재의 속도를 유지 한다는 거죠
난 역시 머리가 좋아
그렇지, 바로 등속도에 관한 법칙이지. 물론, 속도가 영인 경우도 등속도 운동의 특수한 경우라고 볼 수 있지.

뉴턴의 제1법칙을 식으로 나타내면 어떻게 되겠니?
속도 v=일정이니까 $v=\frac{dl}{dt}=k$(k=상수)가 되네요.
$\frac{dl}{dt}=k$는 미분 방정식이다.
뉴턴의 제2법칙은 뭐지?
그거야 $F=ma$죠
그래, 가속도에 관한 $a=\frac{dv}{dt}=\frac{F}{m}$ 법칙이지
$\frac{dv}{dt}=\frac{F}{m}$ 이것도 미분 방정식이다.
안녕!
나 아인슈타인
마침 잘 만났다. 상대성 원리에 대해서 설명 좀 해봐.
상대성 원리란 물체가 빛의 속도에 가깝게 빠르게 움직일 때 두드러지게 나타나는 현상이지요.

특수상대성원리란? 등속도 운동에 관한 것이고, 일반상대성원리란 가속도 운동에 관한 것이지요. 식으로 나타내면 둘 다 미분 방정식이 되죠.
저는 가속도 운동은 복잡하니까 우선 가속도가 영인 특수한 가속도 운동 즉, 등속도 운동에 대해 생각해서 특수상대성원리를 발표하고 나중에 보다 일반적인 가속도 운동에 관해 생각해서 일반상대성 원리를 발표했죠.
NBN
이뿐아니라 전자기학을 집대성한 맥스웰 방정식도 미분 방정식이고, 양자역학을 정식화한 슐뢰딩거의 방정식도 미분 방정식이란다.
공학의 뼈대를 이루는 중요한 식들은 모두 미분 방 정식 이군요.
공학 뿐 아니라 우리가 관심을 가지는 것들을 식으로 나타내면, 모두 미분방정식이 된단다. 왜냐하면, 우리가 관심을 가지는 것은 변화이니까, 결국 미분한 항이 들어가 미분 방정식이 되기 때문이야.

퀴즈 1 실험에 의하면, 진공중에서 물체가 중력의 작용을 받아서 낙하하면 그 가속도는 중력가속도 g로 일정하다. 이 법칙을 속도 $v(t)$에 관한 미분 방정식으로 표현하라.

답 가속도 a는 속도의 시간 미분, 즉 $a=\dfrac{dv}{dt}$ 그런데 가속도 a가 중력가속도 g로 일정하니까 $a=g$, 따라서

$$g=\frac{dv}{dt} \text{ 또는 } \frac{dv}{dt}=g$$

이 식은 진행중에서 낙하는 물체의 가속도는 물체의 질량에 무관하게 일성하다는 의미, 왜냐하년 뉴턴의 제2법칙에 의하면 $F=ma,\ a=\dfrac{F}{m}$ 그런데 낙하시에 받는힘은 $F=mg$ (질량×중력가속도) 대입하면 $a=\dfrac{mg}{m}=g$, 가속도는 물체의 질량에 무관하게 중력가속도 g로 일정.

퀴즈 2 xy평면상에 있고, 기울기가 $-\frac{y}{x}$인 곡선을 미분 방정식으로 나타내라.

답 기울기는 $\frac{dy}{dx}$, 이것이 $-\frac{y}{x}$이므로 $\frac{dy}{dx}=-\frac{y}{x}$, 기울기가 일정한 곡선족을 나타냄.

퀴즈 3

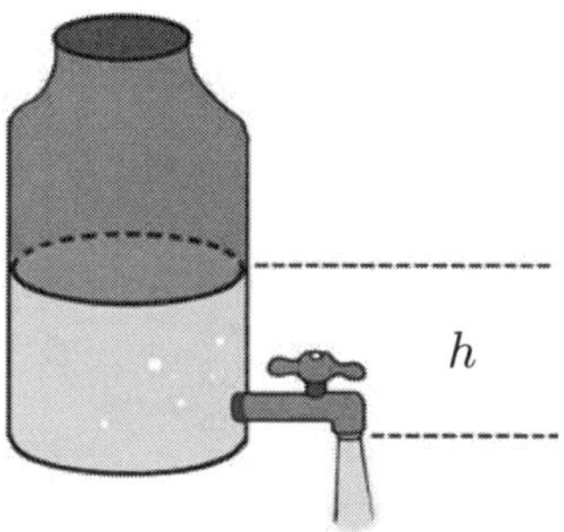

물탱크에 물을 높이 h만큼 채우고, 물탱크 하단의 수도꼭지를 열었을 때, 시간이 지남에 따라 수위 h가 감소하는 속도는 수위 h의 제곱근에 비례한다. 이 관계를 미분 방정식으로 나타내라.

답 시간에 따른 수위 h의 감소속도는 식으로 나타내면 $\frac{dh}{dt}$, 이것이 수위의 제곱근 $\sqrt{h}$에 비례하므로 $\frac{dh}{dt}=-k\sqrt{h}$ (단 k는 비례상수, (−)는 수위가 감소하기 때문)

퀴즈 4 스카이 다이버가 낙하산을 펴고, 속도 v로 떨어질 때 작용하는 힘은 중력 mg와 공기저항력 $-bv^2$(b는 비례상수)이다. 속도 v에 관한 미분 방정식을 세워라.

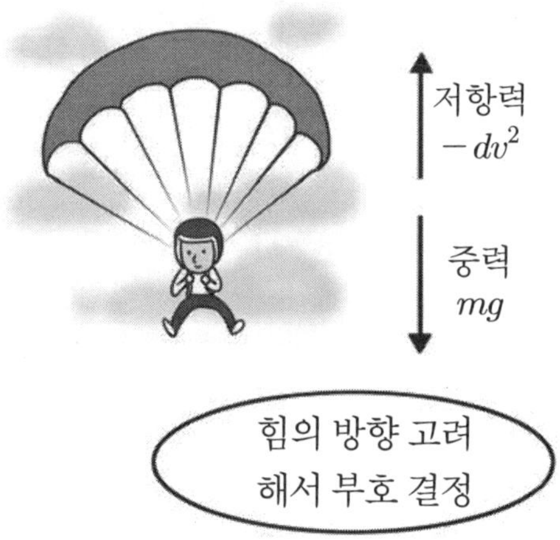

답 뉴턴의 제2법칙에 의해

$$F=ma=m\frac{dv}{dt}.$$

여기서 작용하는 힘의 합 $F=mg-bv^2$ 따라서

$$m\frac{dv}{dt}=mg-bv^2$$

퀴즈 5 바닷물 속에 비춰진 등대 불빛은 물 속을 통과하면서 부분적으로 흡수된다. 이 빛의 강도의 깊이에 따른 감소율은 주어진 깊이에서의 강도에 비례한다. 깊이의 함수로써의 빛의 강도에 대한 미분 방정식을 세워라.

답

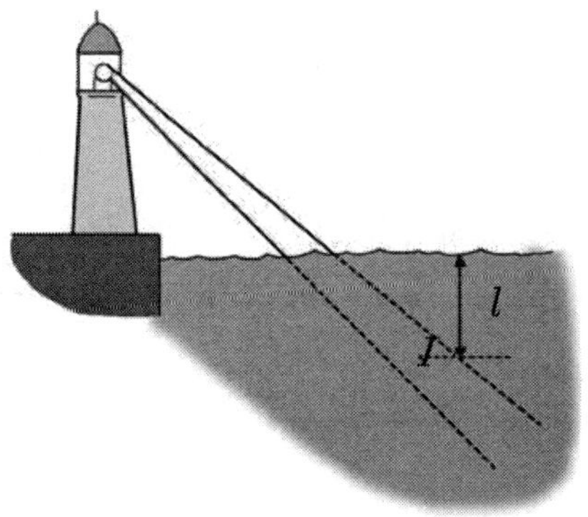

바닷물 속의 깊이 l인 지점의 빛의 강도를 I라고 하면, 이 빛의 강도 I의 깊이 l에 따른 감소율은 $\dfrac{dI}{dl}$. 이것이 그 깊이 l에서의 강도 I에 비례하니까

$$\frac{dI}{dl} = kI$$

(k는 비례상수)

퀴즈 6 어떤 시각 t에서 한국내의 출생률과 사망률은 그 시각의 인구에 비례한다고 하자. (단, 비례상수는 서로 다르다.) 이민 가거나 들어오는 사람이 없다고 가정하고, 시각 t에서의 인구 $p(t)$에 관한 미분 방정식을 세워라.

답 출생률과 사망률이 인구 p에 비례하니까,

출생률$= ap(a:$상수$)$, 사망률$= bp(b:$상수$)$.

인구변화율 $\dfrac{dp}{dt} =$ 출생률$-$사망률$= ap - bp = (a-b)p$

2. 간단한 미분 방정식의 예

뉴턴 역학

뉴턴 스케이트 장
좀 밀어주세요.
계속 밀어요. 신난다아~
내가 이렇게 일정한 힘(5 Newton)으로 계속 너를 밀면, 10초 후에 네 속도는 얼마가 되겠니?

뉴턴의 제2법칙에 의하면 $a=\frac{dv}{dt}=\frac{F}{m}$, 속도 v를 구해야 되니까,
양변을 적분하면 $\int\frac{dv}{dt}dt=\int\frac{F}{m}dt$, $v=\frac{F}{m}t+C$
여기서 $F=5N$, $m=50$kg(내질량)이니까 $v(t)=\frac{1}{10}t+C$
헉
헉
헉
유~후~
10초 후니까, t에 10을 넣으면 $v(10)=1+C$ 적분상수 C를 알아야 속도를 구할 수 있네요. C는 어떻게 구하죠?
처음 상태를 이용해야지. 내가 밀기전 즉, 처음에 너는 정지해 있었지. 그러니까, 시간 $t=0$에서 $v=0$ 즉 $v(0)=0$을 만족해야 되는데 이걸 **초기조건**이라고 한단다.
초기조건
$v(t)=\frac{1}{10}t+C$니까 $v(0)=\frac{1}{10}(0)+C=C=0$ 따라서 $v(t)=\frac{1}{10}t$, 10초 후의 $v(10)$은 $v(10)=\frac{1}{10}\times10=1$(m/s)가 되네요.
쉽지? 이게 미분 방정식이란 거다.
별거 아니네

그러면, 10초후면 넌
어디에 있겠니?
시이 ~~… 작
10초후
$l = ?$

그러야 누워서 떡먹기죠.
이동한 거리 l은
속도(m/s)×시간(10초)
이니까
$l = 10$m이네요.
계속 힘을 가하니까
가속도 운동이잖아 임마.
따라서, 속도가 변하니깐
그렇게 계산하면
안되지!
으이거~

아참. 그렇군요!
속도 $v(t)$라는 것은 거리를
시간으로 미분한 거니까
$\frac{dl}{dt} = v$ 그런데 앞에서
$v = \frac{1}{10}t$이므로, $\frac{dl}{dt} = \frac{1}{10}t$
계속해 봐
이것도
미분방정식이잖아

이동한 거리 l를 구하기 위해서 양변을 적분하면,
$\int \frac{dl}{dt} dt = \int \frac{1}{10} t\,dt,$
$l(t) = \frac{1}{20} t^2 + \widetilde{C}$
적분상수 $\widetilde{C}$ 를 초기조건 $l(0)=0$를 이용해서 구하면
$l(0) = \frac{1}{20}(0)^2 + \widetilde{C} = \widetilde{C} = 0$
따라서 $l(t) = \frac{1}{20} t^2$
그러므로, 10초 후에는
$l(10) = \frac{1}{20}(10)^2 = 5(\mathrm{m})$
에 있겠네요.
좀, 쉬자
헉
헉
헉
헉
한 번만 더 밀어주세용~
그런데, 깜짝 놀라지 않았니?
아뇨
역시 아직은 머리가 딱딱 하구나
부르르
생각해봐라. 초기조건, 다시말해서 너의 처음 상태와 너를 미는 힘을 알면, 그 이후의 상태 즉, 그 후에 네가 어떤 속도로 어디를 달리고 있는지를 모두 계산할 수 있지
그게 깜짝 놀랄 일인가?

너, 운명에 대해서 생각해 본 적있니?
무슨 운명요? 운명아 길을 비켜라. 내가 간다. 뭐 이런 거요?
점술가들은 인간이 태어날 때의 시각을 초기조건이라고 믿고 있지. 따라서, 초기조건을 알면 운명을 점칠 수 있다고 생각해.
이것을 운명론 또는 결정론이라고 하는데 뉴턴역학을 밑바닥에 깔고 있다고도 생각할 수 있지.
종교 중에서도 이런 입장을 취하는 것들이 있단다. 인간 사회에서는 변수가 너무 많아서 운명론이 잘 맞지는 않지만
지구가 태양주위를 도는 것 등을 포함해서 우주의 모든 별들의 움직임이라던가, 로켓을 쏘아 올려서 화성을 돌고 오게 한다던가, 지구상의 모든 물체의 운동이라던가 …… 등은 모두 뉴턴의 미분 방정식으로 계산할 수 있단다.
히야, 신기하네 그래서 뉴턴이 유명하구나!
도사님! 커피나 한잔해요.

뉴턴의 냉각법칙

떨어지는 사과
Coffee
너 커피는 온도가 몇도쯤 일 때 제일 맛있는지 아니?
도사님 커피는 맛으로 마시는게 아니라 멋으로 마시는 거예요
70℃쯤 이라고 하지
그럼 이 커피를 맛있게 마시려면 얼마나 기다려야 하죠?
계산해 볼래?
뉴턴의 냉각법칙에 의하면 냉각속도 즉, 온도의 변화속도 dT/dt는 냉각되는 물체의 온도 T와 주변온도 $T_{주변}$과의 차에 비례한단다. 이걸 식으로 나타내면 어떻게 되겠니?
$\frac{dT}{dt}=k(T-T_{주변})$ 가 되겠네요 (단, k는 비례상수)
이것도 미분방정식이네

100℃의 커피를 30℃의 방에 놔뒀을 때, 마시기 좋은 온도가 될 때까지는 몇 분이나 기다려야 되는지 계산해 봐라.
$T_{주변}=30℃$ 니까 $\frac{dT}{dt}=k(T-30)$, $T(t)$를 구하기 위해서, 양변을 적분하면 $\int \frac{dT}{dt}dt=\int k(T-30)dt$ $T(t)=k(T-30)t$ $T(t)=\frac{-30kt}{1-kt}$
아니, 그런 엉터리가 여기 있군! 온도 T가 시간에 따라 변하는 시간 t의 함수인데 우변을 $\int k(T-30)dt=k(T-30)t$ 로 계산하면 T를 상수 취급해 버린 거잖아.
그럼, 어떻게 적분해야 되죠?
저 선반 위를 봐라. 알았나?

커피 잔은 커피 잔대로 아이스크림 잔은 아이스크림 잔대로, 따로 모아놨지?
그거야 당연하죠.
너는 왜 그렇게 안하냐. 온도 T 하고 시간 t를 따로따로 모아서 적분해야지
아 하
$\frac{dT}{dt}=k(T-30)$에서 온도를 왼쪽으로 모으면 $\frac{dT}{T-30}$ 시간을 따로 오른쪽으로 넘겨 버리면 $\frac{dT}{T-30}=kdt$니까, 이제 적분하면 되겠네요.
이렇게 하는 걸 변수분리라고 하지.
그렇지 계속해봐.
$\int \frac{dT}{T-30} = \int kdt$ 이걸 어떻게 적분하죠?
고등학교 때 배웠잖아. $\int \frac{dy}{y}=\ln|y|$ 분모를 미분한게 분자에 있으면 $\ln|$분모$|$가 되니까 $\int \frac{dT}{T-30}=\ln|T-30|$

그럼 $\ln|T-30| = kt + C$, 양변에 e(exponetial)을 취하면
$e^{\ln|T-30|} = e^{kt+C}$
e와 ln은 역이므로 상쇄되어 좌변은 $T-30$,
$T-30 = e^{kt+C} = e^{C}e^{kt} = \widetilde{C}\,e^{kt}$
따라서 $T(t) = \widetilde{C}\,e^{kt} + 30$이 되네요.
그 다음엔 상수 $\widetilde{C}$ 를 구해야 되는데…
그렇지, 초기조건을 쓰면 되지. 처음 $(t=0)$ 커피의 온도가 100℃
즉, $T(0) = 100$이니까
$T(0) = \widetilde{C}\,e^{k.0} + 30 = 100 \rightarrow \widetilde{C} = 70$
따라서 $T(t) = 70e^{kt} + 30$
70℃까지 식을 때
걸리는 시간을
계산해야 되니까
$T(t) = 70$으로 놓고
시간 t를 구하면 되죠.
$T(t) = 70 = 70e^{kt} + 30$
호·호·홋····

호…
호…
따라서 $e^{kt}=\frac{40}{70}=\frac{4}{7}$
양변에 자연로그(ln)을 취하면 $\ln(e^{kt})=\ln\frac{4}{7}$,
ln과 e는 역이므로 상쇄되어 좌변은 kt. 따라서
$kt=\ln\left(\frac{4}{7}\right)$ 그러므로
$t=\frac{1}{k}\ln\left(\frac{4}{7}\right)$
어! k를 모르면 안되잖아? k는 어떻게 구하지.
도사님 k를 어떻게 구하죠?
잘 생각해봐라.
구할 수가 없지뭐. 문제에서 조건을 하나 더 줘야지!
순사기다..
조건을 하나 더 주지. 3분후에 커피의 온도가 85℃였다고 하고, k를 구해봐라.
음… $T(t)=70e^{kt}+30$에서 $T(3)=85$이니까…

$T(3)=85=70e^{k(3)}+30$
$e^{3k}=\frac{55}{70}=\frac{11}{14}$
양변에 자연로그(ln)을 취하면
$\ln(e^{3k})=\ln\frac{11}{14}$,
ln과 e는 역이므로 상쇄되므로 좌변은 $3k$
$3k=\ln\frac{11}{14}$
$k=\frac{1}{3}\ln\frac{11}{14}=-0.08$
이군요.
그렇지. 계속해봐.
구한 k값을 대입하면
$T(t)=70e^{-0.08t}+30$
원래 문제가 70℃까지 식는데 걸리는 시간을 구하는 거니까
$T(t)=70=70e^{-0.08t}+30$
에서 t를 구하면 $t\approx 7$(분)
이군요.
산수는 할 줄 아는구나. 이제 머리도 식힐 겸 바닷가에나 놀러가자.
도사님하고 다니니까 커피 한 잔도 폼 잡고 못 마시겠네.

리비의 탄소연대추정법

방사성 물질의 붕괴

공룡뼈
아^!
도사님! 여기 공룡뼈가 있어요.
이게 공룡뼈인지 어떻게 알았니?
그냥 그런 기분이 들어요. 아닌가요?
미방아. 과학은 기분에 따라서 개뼈다귀도 되고 공룡뼈도 되고 그런게 아니란다. 조사를 해보고 확실한 근거를 가지고 말해야지.
뭘 조사해야 되나요?
우선, 이 뼈 속의 C^{14} 대 C^{12}의 비를 측정해야지
그런건 왜 측정해야 되죠?

공기중의 C^{14} 대 C^{12}의 비는 일정하거든. 따라서, 식물이건 동물이건 살아있는 동안은 호흡을 하니까, 동일한 비를 유지하지.
그런데, 생물이 죽으면 호흡이나 음식물 섭취에 의한 탄소의 공급이 중단되거든.
아하, 그러니까 생물이 죽으면 C^{14}는 방사성 동위원소니까 스스로 붕괴하지만, C^{12}는 안정한 원소라서 그대로 있으니까 세월이 흐르면 C^{14} 대 C^{12}의 비가 감소하겠네요.
따라서, 이 뼈 속의 C^{14}가 공기중의 C^{14}에 비해서 몇%나 감소했는가를 알면 이뼈의 나이를 알 수 있지. 이걸로 리비라는 사람이 노벨상을 탔단다.
신기하네.
내 친구 조교수 연구실이 가까운데 있으니까, 거기서 이 뼈를 분석해 보자.

어이-
조교수!
아이구
이게 누구야
도사 아냐?
웬,
뼈를
들고 다녀?
상족암에서
주운건데 좀 분석해
줄래?

이 뼈속에는 원래 있어야 할 양의 20%의 C^{14}밖에 남아있지 않은걸.
난 회의가 있어서 잠깐 다녀와야 해. 기다려 줄래?
그래, 걱정말고 갔다와.
이제 이 뼈의 나이를 어떻게 계산하죠?
80%의 C^{14}가 감소하는데 걸리는 시간을 계산하면 되지.
방사성 물질은 어떤 식으로 붕괴 하나?
으음, 붕괴속도가 현재의 질량에 비례하죠.

그걸 미분방정식으로 나타내면 어떻게 되겠니?
현재의 질량을 y라 하면 $\frac{dy}{dt}=ky$죠
그렇지, 이 미분방정식을 풀어봐라.
커피집에서는 잔들을 종류별로 모으니까 $\frac{dy}{y}=k\,dt$
변수분리
적분하면 $\int \frac{dy}{y}=\int k\,dt$
$\ln|y|=kt+C$
양변에 e를 취하면 $e^{\ln|y|}=e^{kt+C}$,
e와 $\ln$은 역이므로 상쇄되어 좌변은 y,
$y=e^{kt+C}=e^{C}e^{kt}$
$y(t)=\widetilde{C}\,e^{kt}$
계속해 봐라.
그 다음엔 상수 $\widetilde{C}$를 초기조건을 이용해서 구해야 되죠.
처음 $t=0$일때의 질량을 y_0라고 하면
$y(0)=y_0$
$y(0)=\widetilde{C}e^{k\cdot 0}=y_0 \rightarrow \widetilde{C}=y_0$
따라서
$y(t)=y_0e^{kt}$
초기 질량을 모르니까

그리고 나서
비례상수 k를 구해야 되는데
뭔가 조건이 하나
주어져야 되지 않나요?
뿍 뿍 뿍
핸드북에
의하면 C^{14}의
반감기는 5730년
이라는구나.
이거면 되겠니?
반감기
반감기라는 건
질량이 반으로 주는데 걸리는
시간이죠. 초기 질량이 y_0인데 이게 반
으로 주는데 걸리는 시간이 5730년이니까
$y(5730)=\frac{y_0}{2}=y_0e^{5730k} \rightarrow k=-0.000121$
이네요.
계산과정은 $\frac{1}{2}=e^{5730k}$
양변에 ln을 취하면 $\ln\frac{1}{2}=\ln(e^{5730k})$
ln과 e는 역이므로 상쇄되어 우변은 $5730k$,
즉 $\ln\frac{1}{2}=5730k$
$k=\frac{1}{5730}\ln\frac{1}{2}$
$=-0.000121$

이 k값을 대입하면
$y(t) = y_0 e^{-0.000121t}$
가 되네요.
그렇지.
그런데 이 뼈속에는
20%의 C^{14}밖에
남아있지 않으니까…
이 뼈의
나이는
얼마겠냐?
20%면 원래량의 $\frac{1}{5}$이니까
$\frac{y_0}{5} = y_0 e^{-0.000121t}$
에서 t를 구하면 $t \approx 13300$년
따라서,
이 뼈의 나이는 약
만삼천삼백년
이네요.
그럼 이 뼈는
공룡뼈냐
아니냐?
글쎄요
이 뼈는 공룡뼈가 아니야.
공룡은 대략 2억만년전부터
6천만년전까지
살았으니까.
공룡이 언제
살았는지도
공룡화석중의
C^{14}로 계산
하나요?
물론이지!

맬더스의 법칙

미안해. 기다리게 해서.
아냐. 재미있게 놀고 있었어.
자네, 바쁘지 않으면 내 염소 보러 가지 않겠어?
웬 염소?
응, 내가 2년전에 남해안의 무인도를 하나 샀는데, 거기다 옆집 아줌마가 준 염소 한 쌍을 풀어놨거든. 지금은 몇 마리나 됐나 궁금해서.
바람 때문에 머리카락이 너무 날려!
허. 경치 좋다. 바다는 역시 남해가 최고야.

16, 17, 18, 19, 20
마리네.
꽤 많이
불어났는데.
2년 더 지나면
얼마로 불어날까?
그거야
계산해 보면
알 수 있지
그런 것도
계산할 수
있어?
그럼, 우리
미방이도 계산할
수 있는데, 너
맬더스의 법칙이
라고 들어본적
있나?
맬더스의 법칙에 의하면
비교적 작은 집단이 방해를
받지 않는다면, 그 증가율은
현재의 숫자에
비례하지.
……
미분방정식이
되겠네.

미방아 맬더스의 법칙을 식으로 나타내면 어떻게 되겠니?
현재의 염소 숫자를 y라고 하면 $\frac{dy}{dt}=ky$가 되죠.
변수분리해야 되겠네.
똑똑한데!
계속해봐.
이 미분방정식을 풀면 $\int \frac{dy}{y}=\int kdt$,
$\ln y=kt+C$
$y=e^{kt+C}=e^{C}e^{kt}$
$y(t)=\widetilde{C}e^{kt}$
그렇지 계속해봐.
방정식의 해를 구했으니까, 그 다음엔, 초기조건을 이용해서 상수 $\widetilde{C}$를 구해야 되죠.
처음 $t=0$에 $y=2$마리니까
$y(0)=\widetilde{C}e^{k\cdot 0}=\widetilde{C}=2$
따라서 $y(t)=2e^{kt}$
그 다음엔, 비례상수 k를 구해야되죠. 조건이 하나 더 주어진 것 즉 오늘 $t=2$년에 와서 보니까 $y=20$마리니까 $y(2)=2\cdot e^{2k}=20$
$e^{2k}=10$, $k=\frac{1}{2}\ln 10=1.15$
따라서 $y(t)=2e^{1.15t}$
공수도사가 언제 저런 제자를 길렀지?

그럼 오늘부터 2년 후에는 몇 마리가 되겠니?
오늘부터 2년후면 처음부터는 4년 후니까 $t=4$ 따라서 $y(4)$를 구하면 되네요. $y(4)=2e^{1.15\times 4}=199$ 마리가 되네요.
오늘부터 8년후에는 몇 마리가 되겠니?
그러아 $t=10$년이니까 $y(10)=2e^{1.15\times 10}\approx$ 19만7천 마리네요.
알겠니?
야. 대단한데
어두워지는데 그만 돌아가지.
이런 무드엔 젊은 오빠가 어울리는데…
황혼이 아름답네.

그래 또 놀러와라.
여기서 안녕!
그런데, 도사님, 신기한 게 있네요.
뭔데?
방사성물질의 붕괴와 무인도 염소 숫자의 증가가 같은 미분방정식이 되네요.
눈치챘냐? 그게 수학의 매력이자 위대함이란거야. 전혀 다른 현상인데도 불구하고, 수학적으로 표현하면 같은 것이 되지.
수학의 매력? 신기하네.
또 다른 예를 들면 중력, 전기력, 자기력을 나타내는 식은 모두 $F=k\frac{m_1m_2}{r^2}$ 로 같지.
m_1 ☼ r ○ m_2 중력
태양 지구
m_1 ⊕ r ⊖ m_2 전기력
양이온 음이온
m_1 N r S m_2 자기력
자석 자석

미방아
우리집
구경하고
싶지
않니?
한번
가 보고
싶어요!

저게
내가 사는
집이야.

구형물질의 승화

어디보자. 꽤 작아졌는데. 직경이 1cm밖에 안되겠는데. 내가 3개월 전에 넣을 때는 2cm였는데
기분이 이상한데. 또 문제내려는 거 아냐?
Oooo
미방아, 이 좀약이 거의 없어질 때 (직경 1mm)까지는 몇 달이 걸리겠니?
역시 예상했던 대로네.
아
단, 이 좀약이 증발해서 부피가 줄어드는 속도는 현재의 표면적에 비례한다고 가정하자.
부피가 줄어드는 속도 $\frac{dV}{dt}$ 가 표면적 S에 비례하니까 $\frac{dV}{dt}=kS$
그런데 직경에 대한 미분방정식을 세워야 하니까 직경을 D라 하면,
$V=\frac{4}{3}\pi\left(\frac{D}{2}\right)^3$, $S=4\pi\left(\frac{D}{2}\right)^2$ 이되고, 이걸 위 식에 대입하면
$\frac{d\left(\frac{4}{3}\pi\left(\frac{D}{2}\right)^3\right)}{dt}=k\left(4\pi\left(\frac{D}{2}\right)^2\right)$, 좌변의 ( )속을 정리하면
$\frac{4}{3}\pi\frac{D^3}{8}=\frac{\pi}{6}D^3$, 이것을 미분하면
$\frac{d\left(\frac{\pi}{6}D^3\right)}{dt}=\frac{\pi}{6}\frac{dD^3}{dt}=\frac{\pi}{6}\cdot 3D^2\frac{dD}{dt}=\frac{\pi}{2}D^2\frac{dD}{dt}$
대입하면 $\frac{\pi}{2}D^2\frac{dD}{dt}=k\left(\frac{4\pi}{4}D^2\right)$ 따라서 $\frac{dD}{dt}=2k$
이젠 자동이구나. 가르친 보람이 있다.

이 미분방정식을 풀기 위하여
변수분리하면 $dD=2k\,dt$, 양변을 적분하면
$\int dD=\int 2k\,dt$
$D(t)=2kt+C$
그 다음엔 상수 C를 초기조건을 이용해서 구해야 되는데,
처음에는 좀약의 직경이 2cm였으니까
$D(0)=2k\cdot 0+C=C=2$, 따라서
$D(t)=2kt+2$
다음 차례는, 상수 k를
구해야 하는데, 주어진
조건이 $t=3$개월 후에
$D=1$cm가 됐다니까
$D(3)=2k\cdot 3+2=1$
따라서 $k=-\frac{1}{6}$
그러므로
$D(t)=2\left(-\frac{1}{6}\right)t+2$
$=-\frac{1}{3}t+2$
마지막으로,
직경 1mm가
될 때까지 걸리는 시간을
구하면 되니까,
$D(t)=0.1=-\frac{1}{3}t+2$
따라서
$t=5.7$개월이죠 뭐.
옳지,
이제 좀 머리가
돌아가는구나.
늦었으니까,
오늘은 공부
그만하자.

다공성 물질의 건조

아, 상쾌한 아침
도사님, 밤새 비가 왔나봐요. 길이 젖었는데요.
어제 베란다에 널어놓은 이불이 다 젖었겠는데…
이거, 흠뻑 젖어버렸구나. 오늘 또 다시 말려야 하잖아.
이불은 그냥 놔두고 아침밥이나 먹죠.

이야,
잘 먹었다.
미방이
솜씨가
보통이
아닌데?
꺼~억
호....호
ㅋ...
전
공업수학
빼곤
다 잘해요.
이야!
햇볕이
쨍쨍하구나.
날씨
조~옷~타
볕이 어떻게나
좋은지
한시간만에
이불이
벌써 반쯤
말랐어요.
이 이불이 다
마르려면
몇시간이나
걸리겠니?
글쎄요?
와!
아침부터
공부 시작이구만.
이걸 생활학습
이라고 하나?

실험에 의하면
공기중에서 축축한 다공성
물질은 현재의 습기의 함량에
비례하는 속도로 습기를 잃는다는
사실이 알려져 있단다.
이젠 계산할 수 있겠니?
또
계산이야.
음~
현재의 이불의
습기함량을 y라고 하면,
습기를 잃는 속도 $\frac{dy}{dt}$는
y에 비례하니까
$\frac{dy}{dt} = ky$
가 되내요.
어. 또 똑같은
식이 되어
버렸네.
계속해봐
변수분리
이 미분방정식을
풀면 $\int \frac{dy}{y} = \int k\,dt$
$\ln|y| = kt + C$
$y = e^{kt+C} = e^C e^{kt}$
$= \widetilde{C}e^{kt}$
그 다음엔 초기조건을 이용해서
상수 $\widetilde{C}$를 구해야 되는데,
처음 $t=0$에서의 습기의 양을 모르니까
y_0라고 놓으면
$y_0 = \widetilde{C}e^{k \cdot 0} = \widetilde{C} = y_0$
그러니까
$y(t) = y_0 e^{kt}$가 되네요.

인제, 주어진 조건을 이용해서 비례상수 k를 구해야죠. 한시간 후 ($t=1$시간)에 습기가 처음의 반 $\left(\frac{y_0}{2}\right)$으로 줄었으니까 $y(1)=y_0e^{k\cdot 1}=0.5y_0$ $e^k=0.5,\ k=\ln(0.5)=-0.69$ 가 되네요.
따라서 $y(t)=y_0e^{-0.69t}$ 가 되는군요.
그렇지, 미방이도 이젠 제법이구나. 자, 그럼 이불이 원래 습기의 99%를 잃을 때를 마른 거라고 하고 걸리는 시간을 계산해 봐라.
원래의 습기의 99%를 잃으면, 남은 습기는 1%이니까, 남은 습기의 양은 $0.01y_0$, 따라서 $0.01y_0=y_0e^{-0.69t}$에서 시간 t를 구하면 $t=6.64$ 그러니까, 약 6시간 반이 되는군요.
잘했다. 마당에 나가서 아침운동이나 하자.

과학의 재미는, 사실을 발견하는데 있는 것이 아니라, 그것들에 관한 새로운 사고의 방법을 발견하는데 있습니다.
나는 나의 아버지와 함께 X선을 이용하여 결정 구조를 연구해서 노벨물리학상을 받은 W.L 브렉입니다.

퀴즈 1 다음 미분방정식을 풀어라. 단, y는 x의 함수이다.

$$8yy' + 4x = 0$$

답 $y' = \dfrac{dy}{dx}$로 풀어쓰면

$$8y\frac{dy}{dx} + 4x = 0, \quad 8y\frac{dy}{dx} = -4x$$

변수분리하면

$$8y\,dy = -4x\,dx$$

양변을 적분하면

$$\int 8y\,dy = \int -4x\,dx$$

$$\frac{8}{2}y^2 = -\frac{4}{2}x^2 + C, \quad 4y^2 = -2x^2 + C$$

$4y^2 + 2x^2 = C$, 양변을 4로 나누면

$$y^2 + \frac{x^2}{2} = \frac{C}{4} = \widetilde{C}, \quad \frac{y^2}{1^2} + \frac{x^2}{(\sqrt{2})^2} = \widetilde{C}$$

퀴즈 2 다음의 미분방정식을 풀고 초기조건을 만족하는 해 $y(x)$를 구하라.

$$y' = ky, \quad y(0) = 4$$

답 $y' = \dfrac{dy}{dx} = ky$, 변수분리하면 $\dfrac{dy}{y} = k\,dx$, 양변을 적분하면

$$\int \frac{dy}{y} = \int k\,dx, \ \ln|y| = kx + C$$

양변에 e를 취하면

$$e^{\ln|y|} = y = e^{kx+C} = e^{kx}e^{C} = \widetilde{C}e^{kx}$$

따라서 $y = \widetilde{C}e^{kx}$

초기조건 $y(0) = 4$를 적용하면

$$y(0) = \widetilde{C}e^{k\cdot 0} = 4, \quad \widetilde{C} = 4$$

그러므로 초기조건을 만족하는 해는

$$y(x) = 4e^{kx}$$

퀴즈 3 다음 미분방정식을 풀고 초기조건과 주어진 조건을 만족하는 해 $y(t)$를 구하라.

$$\frac{dy}{dt}=2kty,\ \ y(0)=1,\ \ y(5)=300$$

답 변수분리하면

$$\frac{dy}{y}=2kt\,dt$$

양변을 적분하면

$$\int\frac{dy}{y}=\int 2kt\,dt,\ \ \ln|y|=kt^2+C$$

양변에 e를 취하면

$$e^{\ln|y|}=e^{kt^2+C}=e^{kt^2}\cdot e^{C}=\tilde{C}e^{kt^2}$$

e와 ln는 역이므로 상쇄되어 좌변은 y, 따라서

$$y=\tilde{C}e^{kt^2}$$

초기조건 $y(0)=1$을 적용하면

$y(0)=\tilde{C}e^{k\cdot 0^2}=\tilde{C}=1$, 이 값을 대입하면

따라서 $y(t)=e^{kt^2}$ ………… (*)

주어진 조건을 적용하면

$$y(5)=e^{k\cdot 5^2}=e^{25k}=300$$

양변에 ln을 취하면

$$\ln e^{25k}=\ln 300$$

$$25k=\ln 300$$

$$k=\frac{1}{25}\ln 300=0.228$$

이 값을 (*) 식에 대입하면

$$y(t)=e^{0.228t^2}$$

3. 1계 미분
방정식의 해법

1계 미분방정식의 해법

도사님 무슨 문제든지 내보내세요. 이젠 척척 맞출테 니까요.
하 하… 아이쿠 배야 ㅋㅋㅋ…
무식하면 용감하다더니 자만하기는!
무림의 고수가 되려면 갈 길이 멀단다.
태권도로 말한다면 저는 무슨 때 정돈가요.
하얀띠지 무슨띠냐
그렇지만 곧 노란띠가 될테니까 걱정말아라.
이제까지 배운 미분방정식의 특징이 뭔지 말해봐라.
글쎄요? 모두 시간으로 미분한 거다.
콰
직

그거말고
음, 제일 간단한 걸 배웠을테니까 한 번 미분한 항만이 들어있는 1차 미분방정식이닷?
맞았다.
좋아~
하지만 이것들을 1차 미분방정식이라고 부르지 않고 1계 미분방정식이라고 부른다.
뉴턴역학 $\frac{dv}{dt}=\frac{F}{m}$
뉴턴의 냉각법칙 $\frac{dT}{dt}=k(T-T_{주변})$
방사성물질의 붕괴 $\frac{dy}{dt}=ky$
맬더스의 법칙 $\frac{dy}{dt}=ky$
좀약 $\frac{dV}{dt}=kS$
솜이불 $\frac{dy}{dt}=ky$
고등학교때 배운 1차 방정식의 일반꼴이 뭐였지?
$ax+b=0$요
요렇게 나타낸단다.
1계 미분방정식의 일반꼴은
$y'+p(x)y=r(x)$

$y' + p(x)y = r(x)$
에서, 만약 $r(x) = 0$, 즉
$y' + p(x)y = 0$이면 1계 제차 미분방정식
이라고 부르지.
1계 제차 미분방정식을 풀어봐라.
탁
$\frac{dy}{dx} + p(x)y = 0$
$\frac{dy}{dx} = -p(x)y$
변수분리하면 커피점 진열대 공식에 의하면
적분하면
$\int \frac{dy}{y} = \int -p(x)dx$
$\ln y = -\int p(x)dx + C$, 양변에 e를 취하면
$y = e^{-\int p(x)dx + C} = e^{C}e^{-\int p(x)dx}$
$y(x) = \tilde{C}e^{-\int p(x)dx}$
가 되네요.
분모(y)를 미분한 것이 분자(dy)에 있으면 ln (분모)= ln y
그렇지, 아주 잘했다. $\tilde{C}$도 상수니까, 그냥 $\tilde{C} = C$라고 하고
$\int p(x)dx = h$
라고 놓으면
$y(x) = Ce^{-h}$
가 되지.

$r(x) \neq 0$이면
$y' + p(x)y = r(x)$
1계 비제차 미분방정식
이라고 해.
1계 비제차 미분방정식을 풀어 보자. 간단히 쓰면 $y' + py = r$
양변에 $e^{\int pdx}$를 곱하면 $e^{\int pdx}(y' + py) = e^{\int pdx}r$
$e^{\int pdx}$를 적분 인자라고 해. 왜 곱하냐고? 그렇게 해야 풀리니까.
좌변은 $(e^{\int pdx}y)'$와 같아. 왜냐하면 이것을 계산해 보면 $(e^{\int pdx})'y + e^{\int pdx}y'$
곱의 도함수의 분배미분
여기서, $(e^{\int pdx})' = pe^{\int pdx}$야. 왜냐하면, 예를 들어 $(e^{2x})' = e^{2x} \cdot (2x)' = 2e^{2x}$지?

따라서 $(e^{\int pdx})' = e^{\int pdx} \cdot (\int pdx)'$ 여기서 적분과 미분은 역이니까 상쇄되어 $(\int pdx)' = p$ 따라서 $e^{\int pdx} = pe^{\int pdx}$
그러므로 $(e^{\int pdx}y)' = pe^{\int pdx}y + e^{\int pdx}y' = e^{\int pdx}(py + y')$ 로 좌변과 같지!
$(e^{\int pdx}y)'$를 좌변 대신에 쓰면 $(e^{\int pdx}y)' = e^{\int pdx}r$
양변을 x에 대해 적분하면 $\int (e^{\int pdx}y)'dx = \int e^{\int pdx}r\,dx + C$
좌변에서 적분과 미분은 역이니까 상쇄돼서 자기 자신이 되니까 $e^{\int pdx}y = \int e^{\int pdx}r\,dx + C$
y에 대해 정리하면 $y = \frac{1}{e^{\int pdx}} \cdot [\int e^{\int pdx}rdx + C] = e^{-\int pdx} \cdot [\int e^{\int pdx}rdx + C]$

여기서
$\int pdx = h$라고 놓으면
$y = e^{-h}[\int e^h r\,dx + C]$
다시 한번 쓰면
$y(x) = e^{-h}\left[\int e^h r dx + C\right]$
$(h = \int p(x)dx)$
가 된단다.
알겠나?
뭘요?
이 해는 1계 미분 방정식의 일반꼴에 대한 거니까, 제차건, 비제차건 상관없이 이 공식에 대입하면 해를 구할 수 있단 말이다.
아함, 고등학교때 배운 2차방정식의 근의 공식
$x = \frac{-b \pm \sqrt{b^2 - 4ac}}{2a}$
와 비슷한 거군요.

연습문제를 하나 해 볼까? $xy'+y+4=0$ 를 풀어봐라.
$y'+p(x)y=r(x)$ 의 꼴로 만들어야 되니까, 양변을 x로 나누면
$y'+\frac{1}{x}y=-\frac{4}{x}$
일반꼴과 비교해 보면
$p=\frac{1}{x},\ r=-\frac{4}{x},\ h=\int pdx$니까
대입하면 $h=\int\frac{1}{x}dx=\ln|x|$
양변에 e를 취하면
$e^h=e^{\ln|x|}=x$
또 $-h=-\ln|x|=\ln x^{-1}=\ln\frac{1}{x}$
양변에 e를 취하면
$e^{-h}=e^{\ln\frac{1}{x}}=\frac{1}{x}$
e와 ln은 역이므로 상쇄
공식에 의하면
$y(x)=e^{-h}[\int e^h rdx+C]$
대입하면
$=\frac{1}{x}[\int x(-\frac{4}{x})dx+C]$
$\frac{1}{x}[\int -4dx+C]$
$=\frac{1}{x}(-4x+C)$
$=-4+\frac{C}{x}$
네요

퀴즈 1 1계 미분방정식의 일반꼴과 일반해를 구하는 공식을 써라.

답 일반꼴 $y' + p(x)y = r(x)$

일반해 공식 $y(x) = e^{-h}[\int e^{h} r(x)dx + C]$

$(h = \int p(x)dx)$

퀴즈 2 $y' + 4y - 8x = 0$의 일반해를 구하라.

답 일반꼴 형태로 쓰면 $y' + 4y = 8x$

일반꼴과 비교해 보면 $p(x) = 4,\ r(x) = 8x$

일반해 공식에 대입하기 위하여 $h = \int p(x)\,dx$를 구하면, $h = \int 4\,dx = 4x$, 대입하면

$y(x) = e^{-4x}[\int e^{4x} 8x\,dx + C]$

여기서 괄호 속의 적분은 두 함수 e^{4x}와 $8x$가 곱해진 것에 대한 적분이므로 부분적분을 해야 함.

$$\int e^{4x} \cdot 8x\,dx = \int e^{4x}dx \cdot 8x - \int \left[\int e^{4x}dx \cdot (8x)'\right] dx$$

$$= \frac{1}{4}e^{4x} \cdot 8x - \int \frac{1}{4}e^{4x} \cdot 8dx$$

$$= \frac{1}{4}e^{4x} \cdot 8x - \frac{1}{4} \cdot \frac{1}{4}e^{4x} \cdot 8$$

$$= 2xe^{4x} - \frac{1}{2}e^{4x}$$ 대입하면

$$y(x) = e^{-4x}(2xe^{4x} - \frac{1}{2}e^{4x} + C)$$

$$= 2xe^{-4x} \cdot e^{4x} - \frac{1}{2}e^{-4x}e^{4x} + Ce^{-4x}$$

$$= 2x - \frac{1}{2} + Ce^{-4x}$$

퀴즈 3 $2y' + 6y - e^{-3x} = 0$의 일반해를 구하라.

답 일반꼴 형태로 쓰면 $y' + 3y = \frac{1}{2}e^{-3x}$

일반꼴 $y' + py = r$과 비교해 보면

$$p = 3,\ r = \frac{1}{2}e^{-3x}$$

일반해 공식 $y(x) = e^{-h}\left[\int e^{h} r\,dx + C\right]$, $(h = \int p\,dx)$에 대압하기 위해서 h를 구하면

$h = \int 3dx = 3x$ 대입하면

$$y(x) = e^{-3x}\left[\int e^{3x}\frac{1}{2}e^{-3x}dx + C\right]$$

$$= e^{-3x}\left[\frac{1}{2}x + C\right] \text{ 또는}$$

$$= \frac{1}{2}xe^{-3x} + Ce^{-3x}$$

퀴즈 4 $y' + 4y = 10,\ y(0) = 2$일 때 초기조건을 만족하는 해 $y(x)$를 구하라.

답 $p = 4,\ r = 10$ 따라서 $h = \int p\,dx = \int 4dx = 4x$

일반해 공식에 대입하면

$$y(x) = e^{-4x}\left[\int e^{4x} \cdot 10dx + C\right]$$

$$= e^{-4x}\left(\frac{10}{4}e^{4x} + C\right) = \frac{5}{2} + Ce^{-4x}$$

초기조건 적용 $y(0) = \frac{5}{2} + Ce^{-4 \cdot 0} = \frac{5}{2} + C = 2$

$$C = 2 - \frac{5}{2} = -\frac{1}{2}$$

따라서 $y(x) = \frac{5}{2} - \frac{1}{2}e^{-4x}$

퀴즈 5 $y' = 8x^3y^2$의 일반해를 구하라.

답 $y' + py = r$ 꼴로 나타낼 수 없으므로, 커피점 공식(변수분리)를 써본다.

$$y' = \frac{dy}{dx} = 8x^3y^2 \xrightarrow{\text{변수분리}} \frac{dy}{y^2} = 8x^3dx$$

양변적분 $\int \frac{1}{y^2}dy = \int 8x^3dx,\ -\frac{1}{y} = 2x^4 + C$

따라서, $y(x) = \dfrac{-1}{2x^4 + C}$

퀴즈 6 $yy' = 1$의 일반해를 구하라.

답 $y' + py = r$ 꼴로 나타낼 수 없으므로, 변수분리를 해본다.

$$yy' = y\frac{dy}{dx} = 1 \xrightarrow{\text{변수분리}} ydy = dx$$

양변적분 $\int ydy = \int dx,\ \frac{1}{2}y^2 = x + C$

따라서, $y^2 = 2x + C$

M/ E/ M/ O/

4. 1계 미분 방정식의 응용 Ⅱ
-전기 회로-

키르히호프의 법칙

1계 미분방정식은, 앞에서 배운 간단한 미분방정식의 예 이외에도 속도에 관계되는 여러 경우에 응용된단다.
1계 미분방정식,
$y' + p(x)y = r(x)$
→ 속도에 관계되는 응용
이때에는, 보통
x → 시간
$r(x)$ → 입력
$y(x)$ → 출력
즉, 외부에서 가한 힘이고
즉, 외력에 의한 변화를 나타내지
텔레비전 고쳐달라고 전화 했수?
아, 예~ 집으로 들어가시죠.

다 고쳤수
고맙습니다. 안녕히 가세요.
미방아, 아까 수리공 아저씨가 보던 전기회로도 기억나?
네
제일 눈에 띈게 뭐였었니?
하고 하고 가 제일 많던데요.
관찰력이 예리하구나 를 **저항**(R) 를 **인덕터**(L) 를 **축전기**(C) 라고 한단다.
전기회로는 주로 RLC로 이루어져 있군요!

저항, 인덕터,
축전기란 놈들은
어떤 일을 하죠?

저항은
전류의 흐름을
방해하는 놈이고,
인덕터는
전류의 변화를
방해하는 놈이고,
축전기는 전류를
저장하는 에너지
탱크와 같은
놈이지.

저기를
봐라.
펌프로
지하수를 끌어
올려서
물탱크로
보내고
있지.
물의 흐름을 전류라고 하면,
파이프 속의 녹은 저항에 해당하고,
파이프의 구불구불한 부분은
인덕터에 해당하고,
물탱크는 축전기에
해당한다고 할 수 있지.

파이프 속의 녹은 물의 흐름을 방해하니까 저항의 역할을 하고, 물탱크는 물을 저장 다시 말해서, 에너지를 저장하므로 축전기와 같은 역할을 한다.
그건 쉽게 이해가 가는데 파이프의 구불구불한 부분은 무슨 말인지 모르겠네요.
이 펌프를 역회전 해보자. 구불구불한 부분에 있는 물은 곧은 부분에 있는 물보다 흐르는 방향을 바꾸기가 어렵겠지?
대한 펌프
그러니까, 인덕터는 물의 흐름이 변화하는 것을 방해하는 관성과 같은 거라고 할 수 있지.
인덕터 = 관성

아뭏튼,
이런 놈들은 다
전류가 가진 에너지를 빼앗아
먹는 놈들이야. 이것들에 의해서
빼앗아 먹히는 에너지를 유식한
말로 **전압강하**라고
한단다.
에너지를
공급하는
놈은
없나요?
그거야
전원인데 물을 끌어
올리는 펌프와 같은 거야.
간단하게, 전지라고
생각해도 좋아.
저항에 의한
전압 강하는
$E_R = RI$
인덕터에 의한
전압강하는
$E_L = L\frac{dI}{dt}$
축전기에
의한
전압
강하는
$E_C = \frac{1}{C}\int Idt$
그러니까,
전류, 즉, 물의 흐름이
세면 셀수록,
파이프 속의 녹에 의해서
저항을 더 받으니까
저항에 의한 전압강하
E_R은 전류의
세기 I에 비례하고
인덕터에 의한
전압강하 E_L은
왕복 달리기를 하면
할수록 힘
이 빠지는 것 같이,
전류의 시간변화
$\frac{dI}{dt}$에 비례하고

축전기에 의한 전압강하 E_C는, 전류를 탱크속에 모은 양, 즉 전류를 더한 것 즉, $\sum$가 되는데, $\sum$를 쭉 잡아당기면 $\int$이 되니까 $\int Idt$에 비례하는군요!!
너무 내밀었나?
그러면, R, L, C 는 뭐냐?
그거야 비례 상수죠.
R: 저항
L: 인덕턴스
C: 커패시턴스
라고 부른단다.
그런데 왜 C만 거꾸로 $\frac{1}{C}$인가요?
음, 그건
습관상 그렇게 쓰는거야.
키르히호프의 법칙
이라고 들어본 적 있니?
아뇨.

키르히호프의 법칙
폐회로에서, 전원에 의해 가해진 전압은 나머지
회로에서의 전압강하의 합과 같다.
식으로 쓰면
$E = E_R + E_L + E_C$
$= RI + L\frac{dI}{dt} + \frac{1}{C}\int I dt$

당연한 얘기 아닌가요?
엄마가 호떡을 네 개 사왔는데
오빠가 한 개 먹고, 언니가 한 개 먹고
내가 두 개 먹으면, 결국,
엄마가 사온 호떡수와 우리가 먹은 호떡수가
같다는 얘기아네요?
엄마가 사온 호떡
오빠
언니
나

직류 RL회로

이 철사로 실제 회로를 하나 만들어 볼까?
철사를 이렇게 구부리고
마지막으로 전지를 달면, RL회로가 완성되자.
R
L
E_0
이 RL회로에 흐르는 전류는 시간에 따라 어떻게 변하겠니?
키르히호프의 법칙에 의하면
$E_0 = RI + L\frac{dI}{dt}$
가 되는군요.
1계 미분방정식이니까 앞에서 배운 공식을 써 먹으려면 일반꼴 $y' + p(x)y = r(x)$ 로 만들어야 되므로
양변을 L로 나누면
$\frac{dI}{dt} + \frac{R}{L}I = \frac{E_0}{L}$
따라서 $p(x) = \frac{R}{L}$ $r(x) = \frac{E_0}{L}$

공식에 의하면 일반해는
$y(x)=e^{-h}\left[\int e^{h}r\cdot dx+C\right]$니까
$(h=\int p(x)dx)$
우선 h를 구하면
$h=\int \frac{R}{L}dt=\frac{R}{L}t$
따라서
$h=\frac{R}{L}t$,
$r=\frac{E_0}{L}$를 대입하면
$I(t)=e^{-\frac{R}{L}t}\left[\int e^{\frac{R}{L}t}\frac{E_0}{L}dt+C\right]$
괄호 속을 적분해서
다시 쓰면
$I(t)=e^{-\frac{R}{L}t}\left(\frac{E_0}{L}\frac{L}{R}e^{\frac{R}{L}t}+C\right)$
$=\frac{E_0}{R}+Ce^{-\frac{R}{L}t}$
가 되네요.
그 다음엔, 적분상수 C를 초기조건을 이용해서 구해야 되죠. 초기조건 $t=0$에서 $I=0$니까,
$I(0)=\frac{E_0}{R}+C=0$
$\therefore\ C=-\frac{E_0}{R}$
그러므로, 초기 조건을 만족하는 특수해는
$I(t)=\frac{E_0}{R}-\frac{E_0}{R}e^{-\frac{R}{L}t}$
$=\frac{E_0}{R}(1-e^{-\frac{R}{L}t})$
가 되는 군요.

시간에 따른 전류의 변화 $I(t)$를 그래프로 나타내면 어떻게 되겠니?
$I(t)=\frac{E_0}{R}(1-e^{-\frac{R}{L}t})$

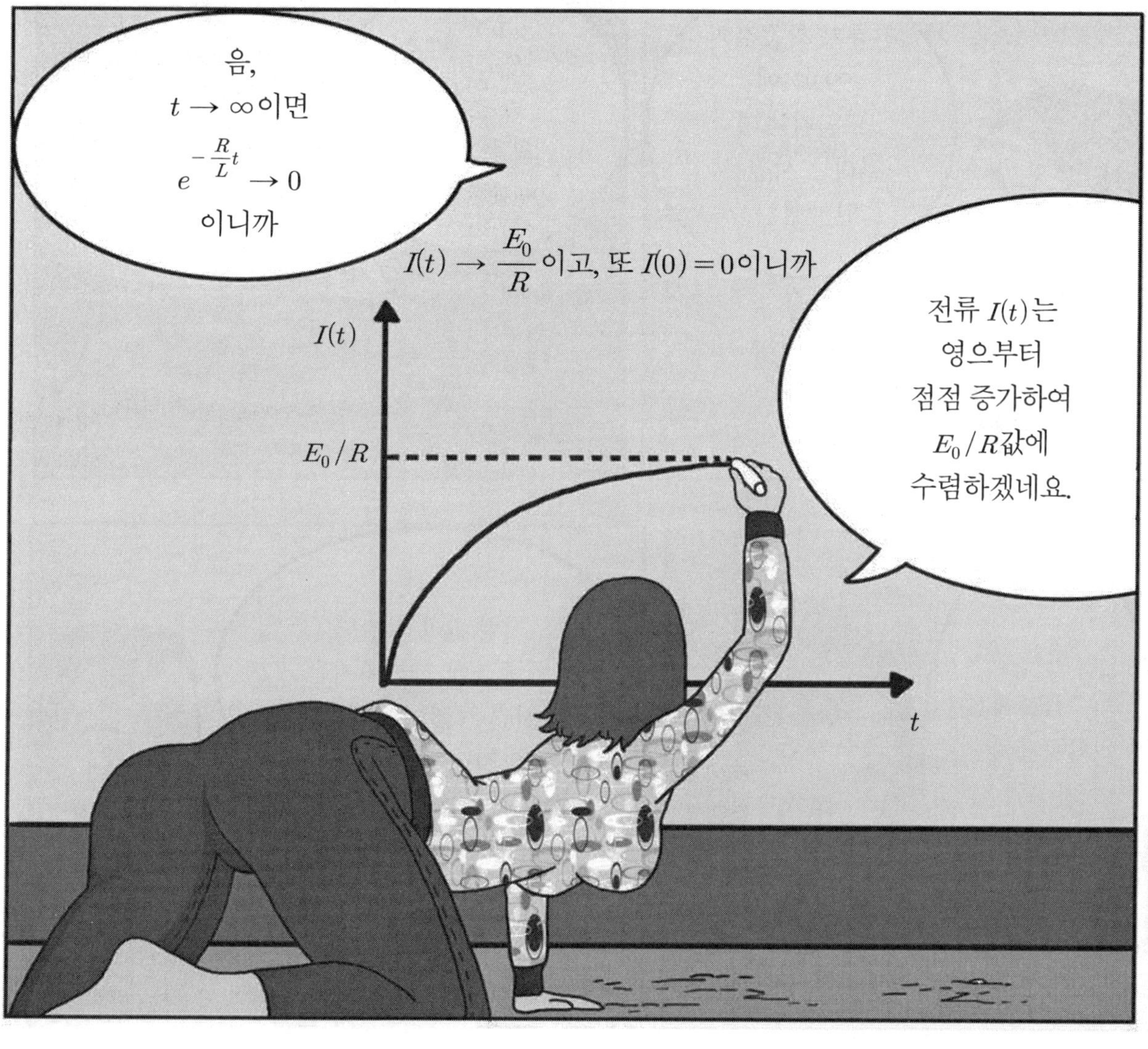

음, $t\to\infty$이면 $e^{-\frac{R}{L}t}\to 0$ 이니까
$I(t)\to\frac{E_0}{R}$이고, 또 $I(0)=0$이니까
$I(t)$
E_0/R
t
전류 $I(t)$는 영으로부터 점점 증가하여 E_0/R값에 수렴하겠네요.

E_0, R, L값을
실제로
재어볼까?
음……
$E_0 = 1.5V$
$R = 20\Omega$
$L = 0.03mH$ 구나.
전류가 최종값의
99.9%에
도달하는데
걸리는 시간은
얼마겠니?
최종값은
$\frac{E_0}{R}$ 인데,
최종값의
99.9%니까
$I(t) = 0.999\frac{E_0}{R}$
$= \frac{E_0}{R}(1-e^{-\frac{R}{L}t})$
측정한 값을 대입하면
$t = 1.036 \times 10^{-5}$초
이야,
순식간에
최종값에
가까워
지는 군요!
그럼,
저항 R이 커지면,
최종값에 가까워지는
시간은 짧아지겠니,
길어지겠니?

$e^{-\frac{R}{L}t} = \frac{1}{e^{\frac{R}{L}t}}$
R이 커지면 $e^{-\frac{R}{L}t}$가 t가 증가함에 따라서 더 빨리 영에 가까워지니까 최종값에 가까워지는 시간은 짧아 지겠네요.
그럼, 인덕턴스 L이 커지면 어떻게 되겠니?
L이 커지면 $e^{-\frac{R}{L}t}$가 t가 커짐에 따라서 더 느리게 영에 가까워지니까 최종값에 가까워지는 시간은 길어지겠네요.
$e^{-\frac{R}{L}t} = \frac{1}{e^{\frac{R}{L}t}}$
그렇지, 그렇기 때문에
$\frac{L}{R} = \tau_L =$ 유도시정수
라고 부른단다.
유도시정수는 **시간의 차원**을 가지지. 물리적인 의미는 최종값의 63%에 도달하는데 걸리는 시간이야.
모든 전기기기에는 시정수라는게 있는데, **시정수**가 크면 전기기기를 켜고도, 정상적으로 작동할 때까지 기다리는 시간이 길어지지.

어떤기기든지,
전원을 넣은 직후에는,
전류가 시간에
따라 급격하게
변하는 과도상태를
거치게 되고,
그 후에 전류가 시간이
변해도 거의 변하지
않는 정상상태에
도달하게 되지.
$I(t)$
$\frac{E_0}{R}$
정상상태
과도상태
t
사람도 유년, 청년시절의
과도상태를 거쳐서, 서른살이 넘으면,
정상상태에 도달하게 되지.
그래서,
옛말에 서른이
넘은 사람은
바뀌기가
어렵다는 말이
있잖니?
과도상태는
왜 존재하는
건가요?
인덕턴스, 즉 관성때문이야,
다시말해서 현재의 상태를
그대로 유지하려는 성향 때문인데,
처음에 전류가 흐르지 않는 상태에서,
갑자기 전류가 흐르는 상태로
변하려고 하지는 않지.
그런데, 전지가 강제적으로
전류를 흐르도록 하니까,
마지못해서 전류가 흐르는 상태로
변하는 거란다.

게으른 너한테 엄마가
"부지런 해져라!"
하고 한마디 한다고,
네가 게으른 상태에서
갑자기 부지런한
상태로 바뀌겠니?
빗자루로 패고,
도시락을 싸가지고
다니면서 잔소리를
해야지 조금씩
부지런해지겠죠.

사람들의 생각을
바꾸기가 어려운 건
사람들이 관성을
가지고 있기
때문이란다.
도사님!
오늘 공부
그만해요.

교류 RL회로

요번에는 RL회로에서 전지를 떼어 버리고 이 벽에 있는 콘센트에 연결해 보자. 그러면 이 RL회로에 흐르는 전류는 시간에 따라 어떻게 변하겠니? 간단히 하기 위해서 콘센트를 $E = E_0 \sin \omega t$ 의 교류전원이라고 생각하자.

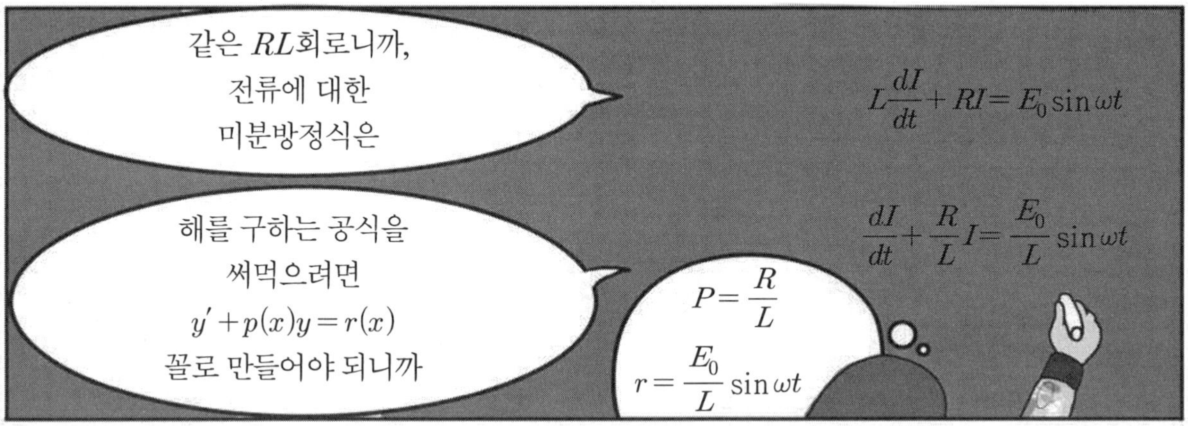
같은 RL회로니까, 전류에 대한 미분방정식은
$L\frac{dI}{dt} + RI = E_0 \sin \omega t$
해를 구하는 공식을 써먹으려면 $y' + p(x)y = r(x)$ 꼴로 만들어야 되니까
$\frac{dI}{dt} + \frac{R}{L}I = \frac{E_0}{L} \sin \omega t$
$P = \frac{R}{L}$
$r = \frac{E_0}{L} \sin \omega t$

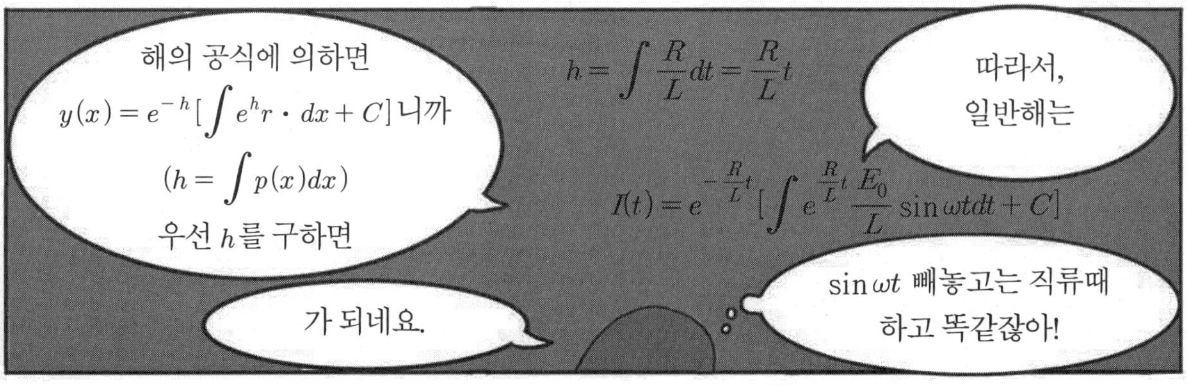
해의 공식에 의하면 $y(x) = e^{-h}[\int e^h r \cdot dx + C]$ 니까 $(h = \int p(x)dx)$ 우선 h를 구하면
$h = \int \frac{R}{L} dt = \frac{R}{L} t$
가 되네요.
따라서, 일반해는
$I(t) = e^{-\frac{R}{L}t}[\int e^{\frac{R}{L}t} \frac{E_0}{L} \sin \omega t dt + C]$
$\sin \omega t$ 빼놓고는 직류때 하고 똑같잖아!

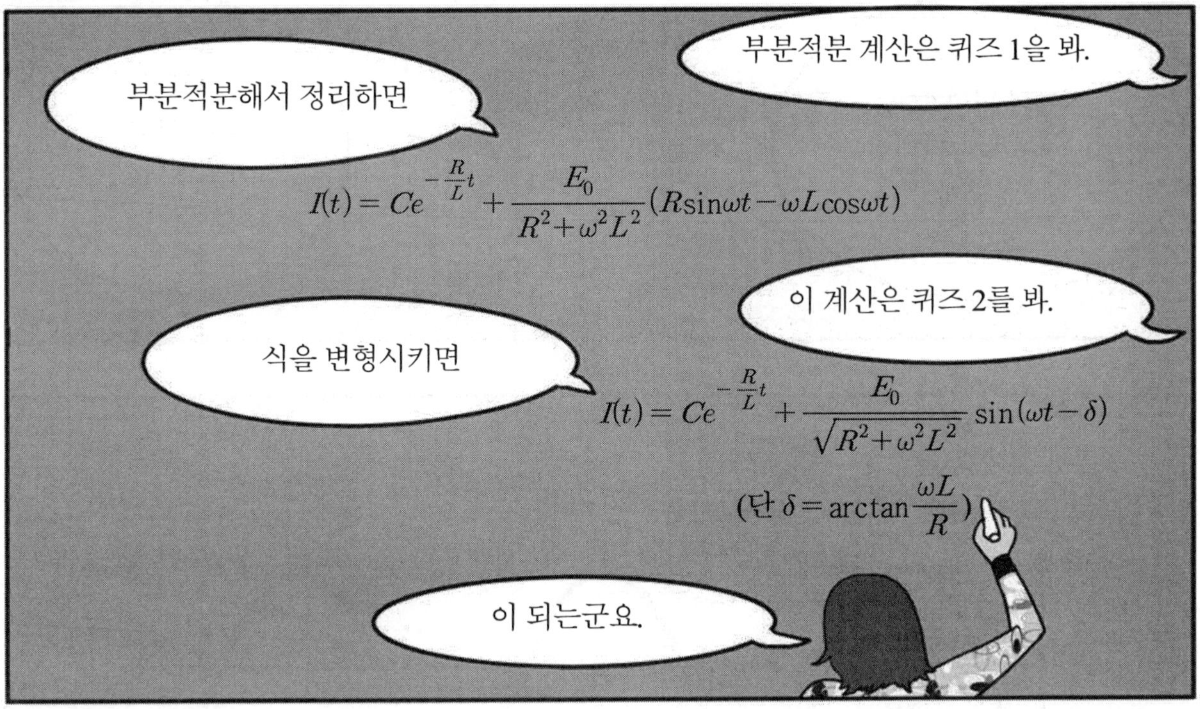
부분적분해서 정리하면
부분적분 계산은 퀴즈 1을 봐.
$I(t)=Ce^{-\frac{R}{L}t}+\frac{E_0}{R^2+\omega^2L^2}(R\sin\omega t-\omega L\cos\omega t)$
식을 변형시키면
이 계산은 퀴즈 2를 봐.
$I(t)=Ce^{-\frac{R}{L}t}+\frac{E_0}{\sqrt{R^2+\omega^2L^2}}\sin(\omega t-\delta)$
(단 $\delta=\arctan\frac{\omega L}{R}$)
이 되는군요.

상수 C를 초기조건 $I(0)=0$를 이용해서 구하면
$I(0)=C+\frac{E_0}{\sqrt{R^2+\omega^2L^2}}(-\sin\delta)=0$
$\therefore\ C=\frac{E_0}{\sqrt{R^2+\omega^2L^2}}\sin\delta$
따라서, 초기조건을 만족하는 특수해는
$I(t)=\frac{E_0}{\sqrt{R^2+\omega^2L^2}}\left\{e^{-\frac{R}{L}t}\sin\delta+\sin(\omega t-\delta)\right\}$
네요.

시간에 따른 전류의 변화$I(t)$를 그래프로 나타내면 어떻게 되겠니?
칠판이 모자라면 벽에다 그려라.

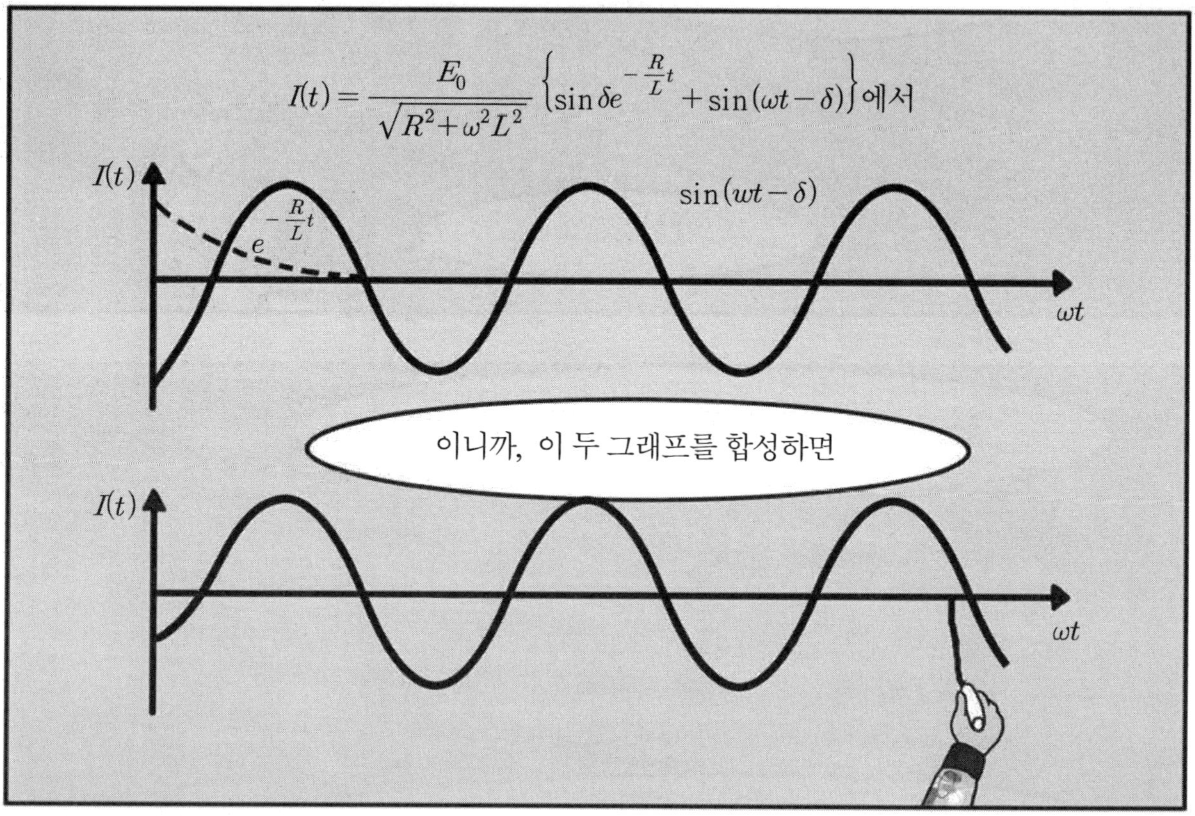
$I(t)=\frac{E_0}{\sqrt{R^2+\omega^2L^2}}\left\{\sin\delta e^{-\frac{R}{L}t}+\sin(\omega t-\delta)\right\}$에서
$I(t)$
$e^{-\frac{R}{L}t}$
$\sin(\omega t-\delta)$
ωt
이니까, 이 두 그래프를 합성하면
$I(t)$
ωt

결국 처음에만 지수함수의 영향으로 조금 변형되고, 나중에는 sin 함수가 되네요.
시간에 따라 변하지 않는 sin 함수가 되니까, 이걸 **조화진동**이라고 한단다.

sin 함수의 교류전압을 입력했으니까, 정상상태에서는 sin 함수의 교류전류가 출력되는 것은 당연하다고 할 수 있지.
교류의 경우에도 인덕턴스 때문에 과도상태를 거치게되나요?
그렇지, 만약 $L \to 0$라면 $e^{-\frac{R}{L}t} \to 0$가 되어서, 과도상태가 존재하지 않게되지.
$e^{-\frac{R}{L}t} = \frac{1}{e^{\frac{R}{L}t}}$
그런데, 교류의 경우에는 직류 때와는 달리, 인덕턴스가 정상상태에도 영향을 미친단다.
정상상태에도요?
그 비밀은 위상 δ에 숨어 있지.
위상이라는 것은 이 그래프에서 보듯이, 시간축에서의 이동이니까 결국 시차를 나타내는 건가요?
$I(t)$
δ
wt
그렇지, 넌 역시 천재다. 만약, 인덕턴스 $L=0$라면 위상은 어떻게 되겠니?
그거야…… $\delta = \arctan\frac{\omega L}{R}$에서 $L=0$이면 $\delta=0$이니까 위상차, 즉 시차가 없겠네요.

그러면 이번에는 $\frac{\omega L}{R} \to \infty$ 라면 어떻게 되겠냐?
음, $\frac{\omega L}{R} \to \infty$ 이면 $\delta \to \frac{\pi}{2}$ 가 되네요. 즉, 전압과 전류간에 $\frac{\pi}{2}$ 의 시차가 있네요.
$\mathrm{arctcon}(\infty) = \frac{\pi}{2}$
열중쉬어
척
차렷
착
열중쉬어, 차렷 열중쉬어, 차렷 열차 열차
허둥 지둥
열중쉬어에 왜 차렷을 하니? 이와같이 주파수 ω 가 커지면 전압과 전류간에 $\frac{\pi}{2}$ 의 위상차가 생기게 된단다.
아하!

직류 RC회로

이번에는 저항과 축전기로 된 RC회로에 대해서 생각해보자.
벽에서 이 회로를 떼고 인덕터 부분 ( ) 을 잘라내고
철판 두 개를 나란히 철사에 붙이고 전지를 연결하면 직류 RC 회로가 완성되지.
R
이 RC회로에서, 잔류는 시간에 따라서 어떻게 변하겠니? 이번에는 저쪽 벽에다 써봐라.
키르히호프의 법칙에 의하면 전류에 대한 방정식은
$RI+\frac{1}{C}\int Idt=E_0$
이것은 미분방정식이 아니니까
미분방정식으로 만들기 위해서, 양변을 t에 대해서 미분하면
$R\frac{dI}{dt}+\frac{1}{C}I=0$
가 되니까, 이걸 풀면 되네요.

해를 구하는
공식을
써먹기 위해서
양변을 R로 나눠 일반꼴
$y' + p(x)y = r(x)$
로 만들면
$\frac{dI}{dt} + \frac{1}{RC}I = 0$
$p = \frac{1}{RC},\ r = 0$
공식에 의하면
$y(x) = e^{-h}[\int e^{h}r \cdot dx + \widetilde{C}]$
$(h = \int p(x)dx)$
우선 h를 구하면
$h = \int \frac{1}{RC}dt = \frac{1}{RC}t$
$r = 0$
를 대입하면
따라서, 일반해는
$I(t) = \widetilde{C}e^{-\frac{t}{RC}}$
네요.
$I(t)$를
그래프로
나타내면
어떻게
되겠니?
인덕턴스, 즉
관성이 없으니까,
전지를 연결하자마자,
전류가 흐르게 될텐데,
$I(t) = \widetilde{C}e^{-\frac{t}{RC}}$니까
시간이 지남에 따라서
지수함수적으로
단조감소하므로
$I(t)$
$\widetilde{C}$
t

시간이 지남에 따라서 $I(t) \to 0$가 되는 이유를 설명할 수 있겠니?
글쎄요?
휴
전지가 철사 속의 전하를 밀치니까, 축전기판에 전하가 모이게 돼서, 전지가 더 이상 전하를 밀지 못하게 되면 전류가 흐르지 않기 때문이란다.
이 통속에 물을 넣고 밸브를 열면 어떻게 되겠니?
양쪽통의 수위가 같아지면 물의 흐름이 멈추겠죠.
물의 흐름을 전류라고 하면, 양쪽통의 수위차를 전위차 또는, 전압이라고 한단다. 즉 축전기의 전위차가 전지와 같게되면 전류가 멈추는 거란다. 그리고, 위와같은 과정을 축전기가 충전된다고 하자.

RC회로에는 시정수라는 게 없나요?

있지. RC를 **축전시정수**라고 부르고 τ_C로 나타낸단다.

그러면 R이나 C가 크면 전류가 영에 수렴하는 시간이 길어지겠네요!
그렇지.
유도시정수는 뭐였더라?
$\tau_L = \frac{L}{R}$ 이었지

교류 RC회로

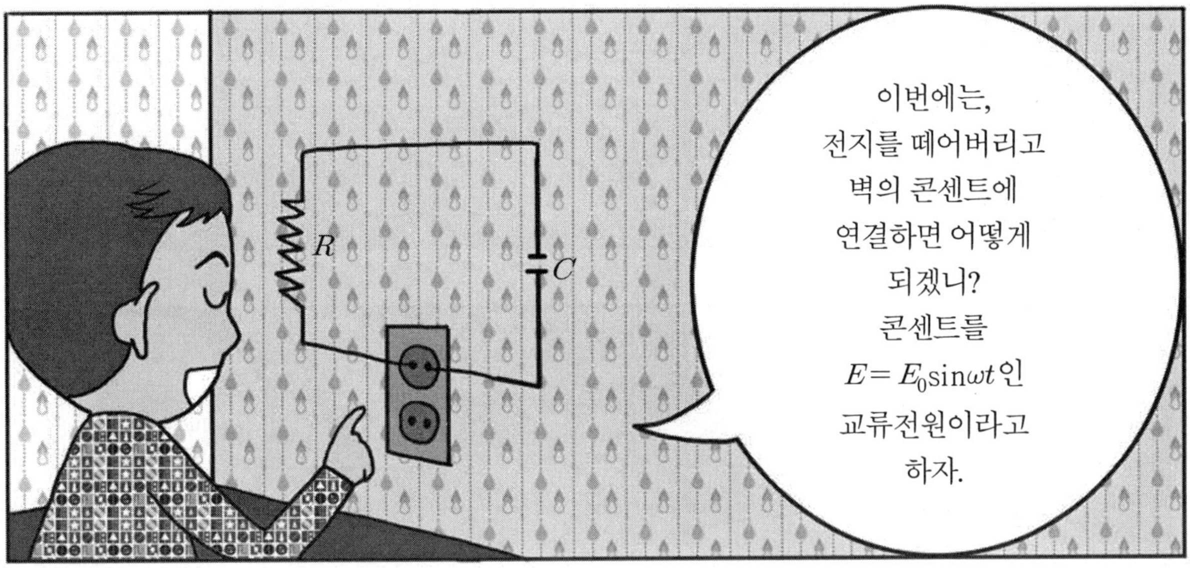
R
C
이번에는,
전지를 떼어버리고
벽의 콘센트에
연결하면 어떻게
되겠니?
콘센트를
$E = E_0 \sin\omega t$인
교류전원이라고
하자.

키르히호프의 법칙에 의하면
$RI + \frac{1}{C}\int I dt = E_0 \sin\omega t$

미분방정식으로
만들기 위하여
양변을 미분하면
$R\frac{dI}{dt} + \frac{1}{C}I = \omega E_0 \cos\omega t$

양변을 R로 나눠서 1계 미분방정식의 일반꼴 $y'+p(x)y=r(x)$ 로 만들면
$\frac{dI}{dt}+\frac{1}{RC}I=\frac{\omega E_0}{R}\cos\omega t$
일반해는 $y(x)=e^{-h}[\int e^{h}r\cdot dx+\widetilde{C}]$ 니까, 우선 h를 구하면
$h=\int\frac{1}{RC}dt=\frac{1}{RC}t$
따라서, 일반해는
$I(t)=e^{-\frac{t}{RC}}[\int e^{\frac{t}{RC}}\frac{wE_0}{R}\cos\omega t\,dt+\widetilde{C}]$
부분적분해서 정리하면
$=\widetilde{C}e^{-\frac{t}{RC}}+\frac{\omega E_0 C}{1+(\omega RC)^2}(\cos\omega t+\omega RC\sin\omega t)$
식을 변형하면
$=\widetilde{C}e^{\frac{t}{RC}}+\frac{\omega E_0 C}{\sqrt{1+(\omega RC)^2}}\sin(\omega t-\delta)$
$(\delta=\arctan(-1/\omega RC))$
가 되네요.
이야, 내가 이런걸 다 풀다니
$I(t)$를 그래프로 그리면 어떻게 되겠니?
RL 회로 때와 같은 꼴이니까 비슷한 그림이 되겠죠.
$I(t)$
ωt

축전기의 방전

자.
이번에는
RC회로를
콘센트에서
빼내서 스위
치를 달아
보자.
이제, 스위치를 이렇게 닫으면
어떻게 되겠니?
R
C′
그거야, 축전기가
충전되어 있는
상태이니까
방전되겠죠.
그렇지.
충전된 전하를 Q_0라고
하고 이 축전기가 충전된
전하의 99%를 잃을 때까지
즉, 거의 다 방전할 때까지는
얼마나 시간이
걸리겠니?
여태가지는 전류에
대한 것밖에 배우지
않아서, 전하에 대해서는
모르겠는데요.
어허, 전류라는 건 결국
전하가 단위시간에 얼만큼
이동했느냐니까?
$\frac{dQ}{dt} = I,\ Q = \int I dt$
잖아!

아하, 그러니까
전원이 없으니까
$RI+\frac{1}{C}\int Idt=0$
에서 I 대신에 $\frac{dQ}{dt}$, $\int Idt$ 대신 Q를 대입하면
$R\frac{dQ}{dt}+\frac{Q}{C}=0$
가 되는군요.
그래, 풀어봐라
일반꼴로 만들면
$\frac{dQ}{dt}+\frac{Q}{RC}=0$
$h=\int\frac{1}{RC}dt$
$=\frac{1}{RC}t$
h를 구하면
$r=0$
일반해 공식 $y(x)=e^{-h}[\int e^{h}r\cdot dx+\widetilde{C}]$ 에 대입하면
$Q(t)=\widetilde{C}e^{-\frac{t}{RC}}$
가 되네요.
그런데, 초기조건이 $Q(0)=Q_0$ 이니까
$Q(0)=\widetilde{C}=Q_0$
$Q(t)=Q_0e^{-\frac{t}{RC}}$
따리서
초기전하의 99%를 잃으면, 1% 즉 0.01 Q_0가 남으니까
$Q(t)=0.01Q_0=Q_0e^{-\frac{t}{RC}}$
에서, t를 구하면 되니까
$t=4.6RC$
군요

옳지, 잘했다.
R이나 C가 크면 방전하는데도 시간이 많이 걸리는군요.
충전중
그거야 당연하지, 저항 R이 크면 전하들이 잘 이동을 못할거고 커패시턴스 C가 크면 전하를 많이 저장하고 있다는 거니까 그놈들이 빠져나가는데 시간이 걸리겠지.
나 졸고 있니? 도사 노릇도 피곤 한 일이구만
저항, 인덕터, 커패시턴스가 모두 붙어있는 회로에 대해서는 안가르쳐 주시나요?
예리하구나, RLC 회로에서의 전류는 2계 미분방정식, 즉 두 번 미분한 항이 들어가게 되니까, 내일 배우기로 하고 그만 쉬자.

수학의 본질은
그 자유성에 있습니다.
나는
데데킨트와 함께
집합론을 만든 칸토르.

퀴즈 1

교류 RL 회로의 일반해 $I(t)=e^{-\frac{R}{L}t}\left[\int e^{\frac{R}{L}t}\frac{E_0}{L}\sin\omega t\,dt+C\right]$를 부분적분하여 정리하면?

답

[ ] 속의 적분은 두 함수 $e^{\frac{R}{L}t}$와 $\frac{E_0}{L}\sin\omega t$가 곱해져 있으므로 부분적분을 해야함.

이것을 계산하면

$$\frac{E_0}{L}\int e^{\frac{R}{L}t}\sin\omega t\,dt=\frac{E_0}{L}\left[\left(\int e^{\frac{R}{L}t}dt\right)\sin\omega t-\int\left(\int e^{\frac{R}{L}t}dt\right)(\sin\omega t)'dt\right]$$

부분적분 공식

이 적분도 두 함수가 곱해져 있으니까 또 부분적분

$$=\frac{E_0}{L}\left[\frac{L}{R}e^{\frac{R}{L}t}\sin\omega t-\int\frac{L}{R}e^{\frac{R}{L}t}\omega\cos\omega t\,dt\right]$$

$$=\frac{E_0}{L}\left[\frac{L}{R}e^{\frac{R}{L}t}\sin\omega t-\left\{\left(\int\frac{L}{R}e^{\frac{R}{L}t}dt\right)(\omega\cos\omega t)\,dt-\int\left(\int\frac{L}{R}e^{\frac{R}{L}t}dt\right)(\omega\cos\omega t)'\,dt\right\}\right]$$

$$=\frac{E_0}{L}\left[\frac{L}{R}e^{\frac{R}{L}t}\sin\omega t-\left\{\frac{\omega L^2}{R^2}e^{\frac{R}{L}t}\cos\omega t+\int\frac{L^2}{R^2}e^{\frac{R}{L}t}\omega^2\sin\omega t dt\right\}\right]$$

$$=\frac{E_0}{R}e^{\frac{R}{L}t}\sin\omega t-\frac{E_0\omega L}{R^2}e^{\frac{R}{L}t}\cos\omega t-\underline{\frac{E_0\omega^2L}{R^2}\int e^{\frac{R}{L}t}\sin\omega t dt}$$

이것을 좌변으로 이항

$$\frac{E_0}{L}\int e^{\frac{R}{L}t}\sin\omega t\,dt+\frac{E_o\omega^2L}{R^2}\int e^{\frac{R}{L}t}\sin\omega t\,dt=\frac{E_0}{R}e^{\frac{R}{L}t}\sin\omega t-\frac{E_o\omega L}{R^2}e^{\frac{R}{L}t}\cos\omega t$$

$$\underline{\left(\frac{E_0}{L}\int e^{\frac{R}{L}t}\sin\omega t\,dt\right)}\left(1+\frac{\omega^2L^2}{R^2}\right)=\frac{E_0}{R^2}e^{\frac{R}{L}t}(R\sin\omega t-\omega L\cos\omega t)$$

답 따라서

$$\frac{E_0}{L}\int e^{\frac{R}{L}t}\sin\omega t\,dt=\frac{1}{\left(1+\frac{\omega^2L^2}{R^2}\right)}\frac{E_0}{R^2}e^{\frac{R}{L}t}(R\sin\omega t-\omega L\cos\omega t)$$

$$\frac{1}{\left(1+\frac{\omega^2L^2}{R^2}\right)}=\frac{1}{\frac{R^2+\omega^2L^2}{R^2}}=\frac{R^2}{R^2+\omega^2L^2}$$

$$=\frac{R^2}{R^2+\omega^2L^2}\cdot\frac{E_0}{R^2}e^{\frac{R}{L}t}(R\sin\omega t-\omega L\cos\omega t)$$

$$=\frac{E_0}{R^2+\omega^2L^2}e^{\frac{R}{L}t}(R\sin\omega t-\omega L\cos\omega t)$$

자, 이제 원식으로 돌아가서

$$I(t)=e^{-\frac{R}{L}t}\left[\int e^{\frac{R}{L}t}\frac{E_0}{L}\sin\omega t\,dt+C\right]$$

이것 대신에 구한 식을 대입

$$=e^{-\frac{R}{L}t}\left[\frac{E_0}{R^2+\omega^2L^2}e^{\frac{R}{L}t}(R\sin\omega t-\omega L\cos\omega t)+C\right]$$

$$=\frac{E_0}{R^2+\omega^2L^2}(R\sin\omega t-\omega L\cos\omega t)+Ce^{-\frac{R}{L}t}$$

교류 RC 회로의 일반해

$$I(t)=e^{-\frac{t}{RC}}\left[\int e^{\frac{t}{RC}}\frac{\omega E_0}{R}\cos\omega t\,dt+\widetilde{C}\right]$$

도 유사하게 두 번 부분 적분해서 정리하면

$$=\widetilde{C}e^{-\frac{t}{RC}}+\frac{\omega E_0 C}{1+(\omega RC)^2}(\cos\omega t+\omega RC\sin\omega t)$$

가 된단다.

퀴즈 2

교류 RL 회로의 일반해 $I(t)=Ce^{-\frac{R}{L}t}+\dfrac{E_0}{R^2+\omega^2L^2}(R\sin\omega t-\omega L\cos\omega t)$에 들어있는 $\dfrac{E_0}{R^2+\omega^2L^2}(R\sin\omega t-\omega L\cos\omega t)$를 하나의 sin 함수로 나타내면?

답

사인 ± 코사인, 코사인 ± 사인은 하나의 사인 또는 코사인 함수로 나타낼 수 있음.
사인함수를 나타내는 공식에 의하면

$$a\cos\omega t+b\sin\omega t=A\sin(\omega t-\delta)$$

단, $A=\sqrt{a^2+b^2}$, $\tan\delta=-\dfrac{a}{b}$

이 공식을 위 식에 적용하기 위하여 코사인, 사인 순으로 다시 쓰면

$$\frac{E_0}{R^2+\omega^2L^2}(-\omega L\cos\omega t+R\sin\omega t)$$

$$a=\frac{-E_0\omega L}{R^2+\omega^2L^2},\quad b=\frac{E_0R}{R^2+\omega^2L^2}$$

따라서

$$A=\sqrt{\left(\frac{-E_0\omega L}{R^2+\omega^2L^2}\right)^2+\left(\frac{E_0R}{R^2+\omega^2L^2}\right)^2}=\sqrt{\frac{E_0^2(R^2+\omega^2L^2)}{(R^2+\omega^2L^2)^2}}$$

$$=\frac{E_0}{\sqrt{R^2+\omega^2L^2}}$$

$$\tan\delta=-\frac{\dfrac{-E_0\omega L}{R^2+\omega^2L^2}}{\dfrac{E_0R}{R^2+\omega^2L^2}}=\frac{\omega L}{R}$$

그러므로

$$\frac{E_0}{R^2+\omega^2L^2}(R\sin\omega t-\omega L\cos\omega t)=\frac{E_0}{\sqrt{R^2+\omega^2L^2}}\sin(\omega t-\delta)$$

(단, $\delta=\arctan\dfrac{\omega L}{R}$)

답 참고로 교류 RC 회로의 일반해

$$I(t)=\tilde{C}e^{-\frac{t}{RC}}+\frac{\omega E_0 C}{1+(\omega RC)^2}(\cos\omega t+\omega RC\sin\omega t)$$

에 들어 있는

$$\frac{\omega E_0 C}{1+(\omega RC)^2}(\cos\omega t+\omega RC\sin\omega t)$$

도 같은 공식을 이용하여 하나의 sin 함수로 나타내면, 이 경우

$$a=\frac{\omega E_0 C}{1+(\omega RC)^2},\ b=\frac{\omega^2 E_0 C^2 R}{1+(\omega RC)^2}$$

따라서

$$\begin{aligned}A&=\sqrt{\left(\frac{\omega E_0 C}{1+(\omega RC)^2}\right)^2+\left(\frac{\omega^2 E_0 C^2 R}{1+(\omega RC)^2}\right)^2}\\&=\sqrt{\frac{\omega^2 E_0^2 C^2(1+(\omega RC)^2)}{(1+(\omega RC)^2)^2}}\\&=\frac{\omega E_0 C}{\sqrt{1+(\omega RC)^2}}\end{aligned}$$

$$\tan\delta=-\frac{a}{b}=-\frac{\dfrac{\omega E_0 C}{1+(\omega RC)^2}}{\dfrac{\omega^2 E_0 C^2 R}{1+(\omega RC)^2}}=-\frac{1}{\omega RC}$$

그러므로

$$\frac{\omega E_0 C}{1+(\omega RC)^2}(\cos\omega t+\omega RC\sin\omega t)=\frac{\omega E_0 C}{\sqrt{1+(\omega RC)^2}}\sin(\omega t-\delta)$$

(단, $\delta=\arctan(-1/\omega RC)$)

퀴즈 3

초기조건이 $I(0)=0$일 때의 직류 RL 회로의 특수해 $I(t)=\frac{E_0}{R}(1-e^{-\frac{R}{L}t})$를 이용하여 $R=100\ \Omega$일 때 0.01 s만에 최종치의 99.9%에 도달하려면 L값은 얼마이어야 하는가?

답

최종값은 $t\to\infty$, $e^{-\frac{R}{L}t}=\frac{1}{e^{\frac{R}{L}t}}=\frac{1}{\infty}=0$일 때이므로 $\frac{E_0}{R}$이다.

최종값의 99.9%는 $0.999\frac{E_0}{R}$, 이것을 식에 대입하고 L을 구하면

$$0.999\frac{E_0}{R}=\frac{E_0}{R}(1-e^{-\frac{R}{L}t})$$

$$0.999=1-e^{-\frac{R}{L}t}$$

$$e^{-\frac{R}{L}t}=0.001$$

양변에 ln을 취하면

$$\ln e^{-\frac{R}{L}t}=\ln 0.001$$

ln과 e는 역이므로 상쇄

$$-\frac{R}{L}t=\ln 0.001$$

$$L=-\frac{Rt}{\ln 0.001}$$

주어진 값 대입

$$=-\frac{(100\ \Omega)\ (0.01\ \mathrm{s})}{\ln 0.001}$$

$$=0.145\,H$$

H: Henry

퀴즈 4

(a) 전원 전압이 E_0인 직류 RC회로에 대하여 키르히호프법칙을 적용하여 전하 Q에 관한 미분방정식을 세워라.

(b) 위의 미분방정식을 풀어서 $Q(t)$를 구하라.
단 $Q(0) = Q_0$이다.

답

(a) $RI + \dfrac{1}{C}\displaystyle\int I dt = E_0$

여기서 $I = \dfrac{dQ}{dt}$, $\displaystyle\int I dt = Q$이므로 대입하면

$$R\frac{dQ}{dt} + \frac{Q}{C} = E_0$$

(b) 일반꼴로 만들기 위하여 양변을 R로 나누면

$$\frac{dQ}{dt} + \frac{1}{RC}Q = \frac{E_0}{R}$$

일반꼴 $y' + p(x)y = r$과 비교하면

$$p = \frac{1}{RC},\ r = \frac{E_0}{R}$$

$$h = \int \frac{1}{RC}\, dt = \frac{1}{RC}t$$

해를 구하는 공식

$$y(x) = e^{-h}\left[\int e^{h} r dx + \widetilde{C}\right]$$

에 대입하면

$$Q(t) = e^{-\frac{1}{RC}t}\left[\int e^{\frac{1}{RC}t} \cdot \frac{E_0}{R} dt + \widetilde{C}\right]$$

$$= e^{-\frac{1}{RC}t}\left[RC \cdot \frac{E_0}{R} e^{\frac{1}{RC}t} + \widetilde{C}\right]$$

$$= CE_0 + \widetilde{C}\, e^{-\frac{1}{RC}t}$$

$t = 0$대입

$$Q(0) = CE_0 + \widetilde{C} e^{-\frac{1}{RC}(0)} = CE_0 + \widetilde{C} = Q_0$$

$$\widetilde{C} = Q_0 - CE_0$$

이것을 $Q(t)$에 대입하면

$$Q(t) = CE_0 + (Q_0 - CE_0)e^{-\frac{1}{RC}t}$$

퀴즈 5 심장박동조절기는 아래 그림과 같이, 전지 E_0, 축전기 C와 스위치로 구성된다.

처음에는 스위치를 A에 연결하여 축전기를 충전시킨 후, 스위치를 B로 바꿔 연결하여 축전기를 방전시킴으로써, 심장에 전기적인 자극을 준다.

이 과정을 반복하여 주기적인 자극을 가해줌으로써 심장박동을 조절한다.

스위치가 B에 연결되었을 때, 심장의 저항을 R이라고 하고, 축전기에 충전된 전하를 Q_0라 할 때, 전하 Q에 대한 미분방정식을 세워라.

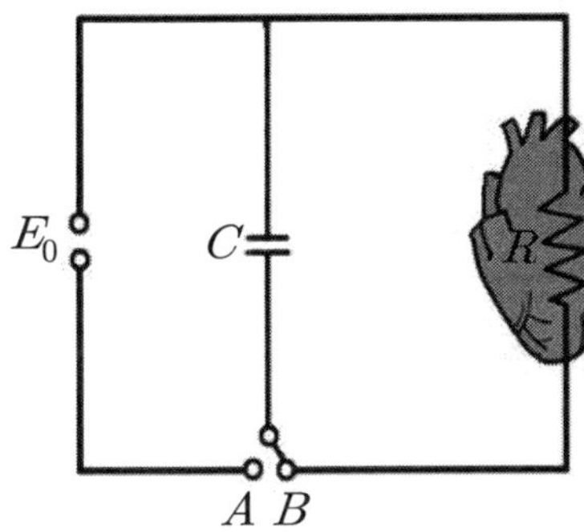

답 키르히호프의 법칙에 의하면, $RI+L\dfrac{dI}{dt}+\dfrac{1}{C}\displaystyle\int Idt=E$

그런데, 오른쪽 폐회로에는 인덕터와 전원이 없으므로, $L\dfrac{dI}{dt}=0,\ \ E=0$

그러므로, $RI+\dfrac{1}{C}\displaystyle\int Idt=0$, 그런데 $I=\dfrac{dQ}{dt}$, $\displaystyle\int Idt=Q$

따라서, $R\dfrac{dQ}{dt}+\dfrac{Q}{C}=0$

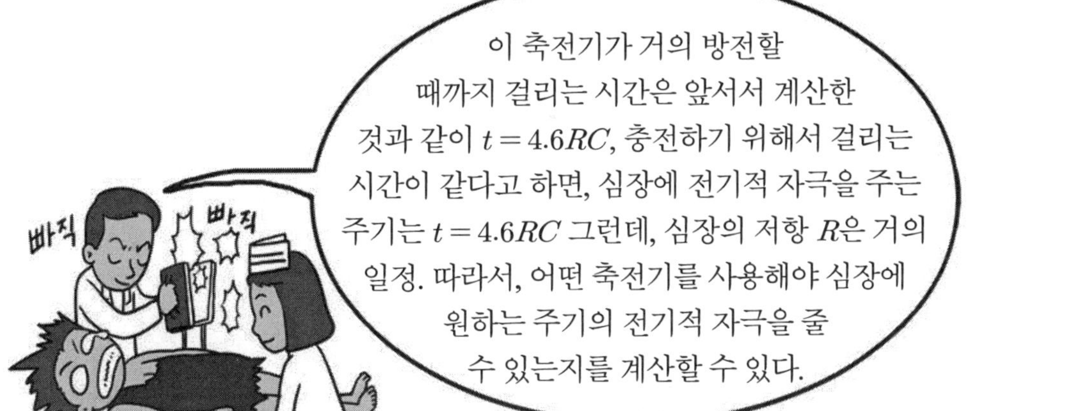

M/ E/ M/ O/

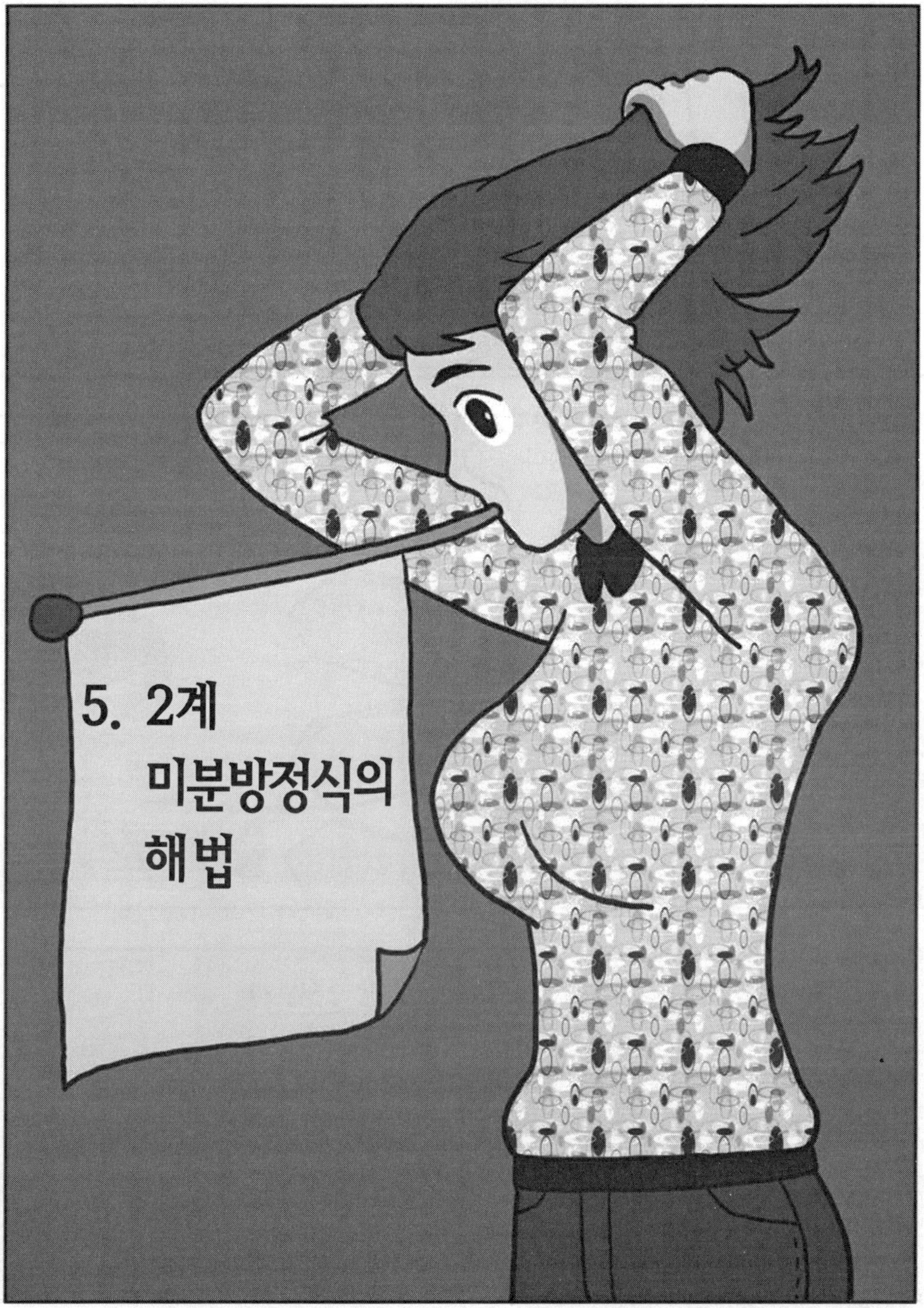
5. 2계
미분방정식의
해법

마지막 날이니까, 오늘은 대전에 있는 과학관에 놀러가자.
와우! 좋아요.
드디어 도착했다.
대전 과학관
우선 수학관에 가보자.
수학관
역학관
전기관
1계 미분방정식
2계 미분방정식
1계 미분방정식에 대해서는 둘째 날에 배웠으니까 2계 미분방정식 엘리베이터를 타보자.

2계 미분방정식
자! 올라가자.
이게 뭐죠?
한 번 눌러봐라.
$y'' + f(x)y' + g(x)y = r(x)$
일반꼴
제차
비제차
띵~
제차
비제차
띵!
$r(x) \neq 0$
일반꼴
제차
비제차
$r(x) \neq 0$
띵~
2층은 가장 간단한 미분방정식을 소개하는 곳입니다.
$r(x) = 0$ $f(x) =$ 상수 $g(x) =$ 상수
올라 가보자.
1 2 3

상수계수를 갖는 2계 제차 미분방정식

$e^{\lambda x}$를 해라고 가정하고 풀어봐라.
$e^{\lambda x}$가 해라면
$y=e^{\lambda x}$
를
$y''+ay'+by=0$
에
대입했을 때 만족해야 되니까
대입하기 위해서 y'', y'를 구하면
$y'=\lambda e^{\lambda x}$, $y''=\lambda^2 e^{\lambda x}$
대입하면
$\lambda^2 e^{\lambda x}+a\lambda e^{\lambda x}+be^{\lambda x}=0$
$(\lambda^2+a\lambda+b)e^{\lambda x}=0$
그러니까
$\lambda^2+a\lambda+b=0$
이 방정식의 두근을 λ_1, λ_2라고 하면
주어진 미분방정식의 해는
$y_1=e^{\lambda_1 x}$, $y_2=e^{\lambda_2 x}$
가 되네요.

퀴즈
$\lambda^2+a\lambda+b=0$를 무슨 방정식이라고 합니까?
뭐죠?
특성방정식
뭐라구요?
악
퍼 억…
퀴즈
$y''+y'-2y=0$의 해는?
얼
얼
해를
$y=e^{\lambda x}$
라고 가정하면
$y'=\lambda e^{\lambda x},\ y''=\lambda^2 e^{\lambda x}$
대입하면
$(\lambda^2+\lambda-2)e^{\lambda x}=0$
따라서, 특성방정식은
$\lambda^2+\lambda-2=0$
이것의 두 근은
$\lambda_1=1,\ \lambda_2=-2$
그러니까, 해는
$y_1=e^{x},\ y_2=e^{-2x}$

2계 미분방정식도 2차 방정식같이 2개의 해를 갖네요.
퍼억
악
그런거 같지? 그렇지만, 잘 생각해보면 그렇지 않단다.
예를 들어서 $2e^x$는 $y''+y'-2y=0$ 의 해냐, 아니냐?
대입해 보면 알죠.
$y=2e^x,\ y'=2e^x,\ y''=2e^x$
를 대입하면
$2e^x+2e^x-2(2e^x)=0$
해네요.
그럼 $5e^x$는 해겠냐 아니겠냐?
해겠죠.
그럼 Ce^x(C:상수)는 해겠니 아니겠니?
해겠죠!

그럼 $e^{x}+e^{-2x}$는 해겠냐?
이건 대입해 봐야 알겠는데요.
$y=e^{x}+e^{-2x}$, $y'=e^{x}-2e^{-2x}$
$y''=e^{x}+4e^{-2x}$
원래 식이
$y''+y'-2y=0$
니까.
$(e^{x}+4e^{-2x})+(e^{x}-2e^{-2x})-2(e^{x}+e^{-2x})$
$=0$
니까, 해네요.
그러면 $2e^{x}+3e^{-2x}$는 해겠니?
해겠죠.
누 해를 더한 것도 해가 된다는 건 제차방정식에서만 그런데, 얘기해 줄까 말까
그럼 해가 몇 개냐?
무한히 많네요!
이 무한히 많은 해를 하나의 식으로 나타내면 어떻게 되겠니?

$y = C_1e^x + C_2e^{-2x}$ (C_1, C_2는 상수)
가 되겠네요!
퀴즈
$y'' + y' - 2y = 0$의 일반해는? $y = C_1e^x + C_2e^{-2x}$
기저?
퀴즈
$y'' + y' - 2y = 0$의 기저는?
퍼억
e^x, e^{-2x} 야
아하, 그러니까, 해가 두 개인 게 아니라 기저가 두 개네요!
퀴즈
2계 미분방정식을 푼다는건, 결국 무엇을 하는 겁니까.
기저를 2개 구해서 거기다 상수를 곱한 다음에 더한 일반해를 구하는 것입니다.
휴우~

그런데 기저 e^x와 e^{-2x} 대신에, e^x와 $2e^x$를 기저로 쓰면 안되나요?
쉿
퍼 억..
악
안되지만 생각해보자. 그러면 일반해는 뭐가 되겠니?
$y=C_1e^x+2C_2e^x$
이 되겠죠.
그건 결국
$y=(C_1+2C_2)e^x=Ce^x$
가 되서
기저를 한 개밖에 포함하지 않게 되어서, 무한히 많은 해를 대표하는 일반해가 될 수 없으니까 그렇게 하면 안된단다.
일반해를 구하기 위해서는, **일차독립**인 2개의 기저를 사용해야만 한단다.
일차독립

어!
바닥이
움직이네요.
두 번째
방입니다.
끼-익
이 상자 속에는
뭐가 들어
있습니까?
사과하고
배가 들어
있네요.
그렇지,
그렇게 말해야지.
정답이지.
만약에 빨간사과와
푸른사과가 들어
있다고 대답하면
어떻겠니?

틀린 말은 아니지만, 멍청한 대답이죠. 배라는 또 다른 종류의 과일이 들어 있다는 중요한 사실을 간과하고 있으니까요.
네말 대로다. 이 경우의 기저는 사과와 배라고 볼 수 있지.
그런데, 사과를 합하거나 쪼개도 배가 되지는 않지. 이때, 사과와 배를 일차독립이라고 한단다.
이에 반해 빨간사과와 푸른 사과는 일차종속이라고 한단다. 앞의 수식어만 빼어버리면 똑같은 사과가 되버리기 때문이지. 예를 들면 e^x, $2e^x$ 은 일차종속이지
y_1, y_2 가 일차종속 일 때는 $y_1 = ky_2$ (k: 상수)

바닥이 또
움직이네.
이야!
불꽃놀이다.
복습
마지막
방입니다.
상수계수를 갖는 2계 제차
미분방정식의 일반꼴은?
$y''+ay'+by=0$
손가락으로
허공에
쓰시오.
특성 방정식은
$\lambda^2+a\lambda+b=0$
특성 방정식의 3가지 근의
형태는?
두실근, 두허근, 중근
특성 방정식이 두 실근 λ_1, λ_2를
갖는다면, 일반해는?
미방아! 노올자…
지금은 안돼…

해를 $y=e^{\lambda x}$라고 가정하고 시작한건데 $\lambda=\lambda_1,\ \lambda_2$니까
$y_1=e^{\lambda_1 x},\ y_2=e^{\lambda_2 x}$
가 기저가 되고, 일반해는
$y(x)=C_1e^{\lambda_1 x}+C_2e^{\lambda_2 x}$
특성 방정식이 두 허근 $\lambda_1=p+iq,\ \lambda_2=p-iq$ 를 가질때의 일반해는?
두 기저가
$y_1=e^{(p+iq)x},\ y_2=e^{(p-iq)x}$
니까, 일반해는
$y(x)=C_1e^{(p+iq)x}+C_2e^{(p-iq)x}$
뽀
실제로 측정할 수 있는 물리량은 실수니까, 실수로 된 기저를 구해야지. 오일러 공식 $e^{\pm i\theta}=\cos\theta\pm i\sin\theta$ 를 이용해 봐라.
$y_1=e^{(p+iq)x}=e^{px}e^{iqx}=e^{px}(\cos qx+i\sin qx)$
$y_2=e^{(p-iq)x}=e^{px}e^{-iqx}=e^{px}(\cos qx-i\sin qx)$
실수 기저를 만들기 위해서 i를 소거하면
$\frac{1}{2}(y_1+y_2)=e^{px}\cos qx$
$\frac{1}{2i}(y_1-y_2)=e^{px}\sin qx$
1차 독립, 따라서 일반해는
$y(x)=e^{px}(C_1\cos qx+C_2\sin qx)$
네요.

특성 방정식이 중근을 가질 때, 일반해는?
$\lambda^2+a\lambda+b=0$이 중근을 가질때는
판별식이 $a^2-4b=0$일 때니까, $b=\frac{1}{4}a^2$,
따라서, 특성방정식은
$\lambda^2+a\lambda+\frac{1}{4}a^2=0$
그러므로, 중근은
$\lambda=-\frac{a}{2}$ 니까
$y_1=e^{-\frac{a}{2}x}$
기저가 하나뿐 이네요? 기저가 둘 있어야 되는데
뿅
또 하나의 기저를
$y_2(x)=u(x)y_1(x)$
라고 가정하고 u를 구해서, y_2를 구해봐라.
y_2가 기저이기 위해서는 미분방정식
$y''+ay'+\frac{1}{4}a^2y=0$
를 만족해야 하니까, y_2를 이 식에 대입해서 u를 구하면 되겠군요!

대입하기 위해서 y_2', y_2''를 구하면
$y_2 = uy_1$
$y_2' = u'y_1 + uy_1'$
$y_2'' = u''y_1 + u'y_1' + u'y_1' + uy_1''$
$= u''y_1 + 2u'y_1' + uy_1''$
대입하면
$(u''y_1 + 2u'y_1' + uy_1'') + a(u'y_1 + uy_1') + \frac{1}{4}a^2uy_1 = 0$
정리하면
$u(y_1'' + ay_1' + \frac{1}{4}a^2y_1) + u'(2y_1' + ay_1) + u''y_1 = 0$
$\| = 0$ ($\therefore$ y_1이 기저니까) $\| = 0$ ($\therefore\ 2y_1' = 2\left(-\frac{a}{2}\right)e^{-\frac{a}{2}x} = -ay_1$)
$y_1 = e^{-\frac{a}{2}x}$
따라서
$u''y_1 = 0$
그러므로
$u'' = 0$
$u = x$
그러니까
$y_2 = uy_1$
$= xe^{-\frac{a}{2}x}$
따라서 일반해는
$y(x) = C_1y_1 + C_2y_2$
$= C_1e^{-\frac{a}{2}x} + C_2xe^{-\frac{a}{2}x}$
$= (C_1 + C_2x)e^{-\frac{a}{2}x}$
휴~

빨빠라
빨빨
빠빠
상수계수를 갖는 2계 제차 미분방정식
일반꼴 $y''+ay'+by=0$
특성방정식 $\lambda^2+a\lambda+b=0$
일반해 $y(x)$
두 실근 $\lambda_1,\ \lambda_2$ $C_1e^{\lambda_1 x}+C_2e^{\lambda_2 x}$
두 허근 $\begin{cases}\lambda_1=p+qi\\ \lambda_2=p-qi\end{cases}$ $e^{px}(C_1\cos qx+C_2\sin qx)$
중근 λ $(C_1+C_2x)e^{\lambda x}$
통과
3층으로 올라가자

수학에 있어서의 기호는 수행해야 할 상징에 지나지 않습니다. 그러나, 기호는 머리의 부담을 가볍게 하고, 한층 중요하고 보다 곤란한 기능을 위해 머리를 절약하는데 도움이 되므로, 기계적으로 반복되는 손동작을 하는 것입니다.
마하의 수, 마하 속도, 마하의 원리 마하의 띠, 마하의 효과 등을 들어본적 있니? 여기 나오는 마하들이 내 이름이란다.

퀴즈 1 $y''-y=0$의 일반해를 구하라.

답 기저를 $y=e^{\lambda x}$라고 놓고, y''를 구해서 주어진 식에 대입

$y'=\lambda e^{\lambda x},\ \ y''=\lambda^2 e^{\lambda x}$

$\lambda^2 e^{\lambda x}-e^{\lambda x}=0,\ \ (\lambda^2-1)e^{\lambda x}=0$

따라서

특성방정식은 $\lambda^2-1=0$, 따라서,

$\lambda=\pm 1$(두실근)

그러므로, 기저는 $e^x,\ e^{-x}$

일반해는 $y=C_1e^x+C_2e^{-x}$

퀴즈 2 $y''+8y'+16y=0$의 일반해를 구하라.

답 특성방정식은 $\lambda^2+8\lambda+16=0$, 따라서, $\lambda=-4$(중근)

그러므로, 기저는 $e^{-4x},\ xe^{-4x}$, 일반해는 $y=(C_1+C_2x)e^{-4x}$

퀴즈 3 $y''-2y'+10y=0$의 일반해를 구하라.

답 특성방정식은 $\lambda^2-2\lambda+10=0$,
따라서, $\lambda=1\pm 3i$(두허근), 그러므로 기저는
$e^x\cos 3x,\ e^x\sin 3x$
일반해는 $y=e^x(C_1\cos 3x+C_2\sin 3x)$

퀴즈 4 $y''+2y'+5y=0$의
(a) 일반해를 구하라.
(b) 초기치가 $y(0)=1,\ y'(0)=5$일 때 특수해를 구하라.

답 (a) 특성방정식은 $\lambda^2+2\lambda+5=0$, 따라서 $\lambda=-1\pm 2i$(두허근)
그러므로 기저는 $e^{-x}\cos 2x,\ e^{-x}\sin 2x$
일반해는 $y=e^{-x}(C_1\cos 2x+C_2\sin 2x)$
(b) 초기조건을 이용해서 상수 $C_1,\ C_2$를 구하면 된다.

$y(0)=e^{-(0)}(C_1\cos(2\times 0)+C_2\sin(2\times 0))$
$=C_1=1$
$y'=-e^{-x}(C_1\cos 2x+C_2\sin 2x)+e^{-x}(-2C_1\sin 2x+2C_2\cos 2x)$
$y'(0)=-C_1+2C_2=5$
C_1에 1대입 $\rightarrow C_2=3$
따라서, 초기조건을 만족하는 특수해는
$y=e^{-x}(\cos 2x+3\sin 2x)$

상수 계수를 갖는
2계 비제차 미분방정식

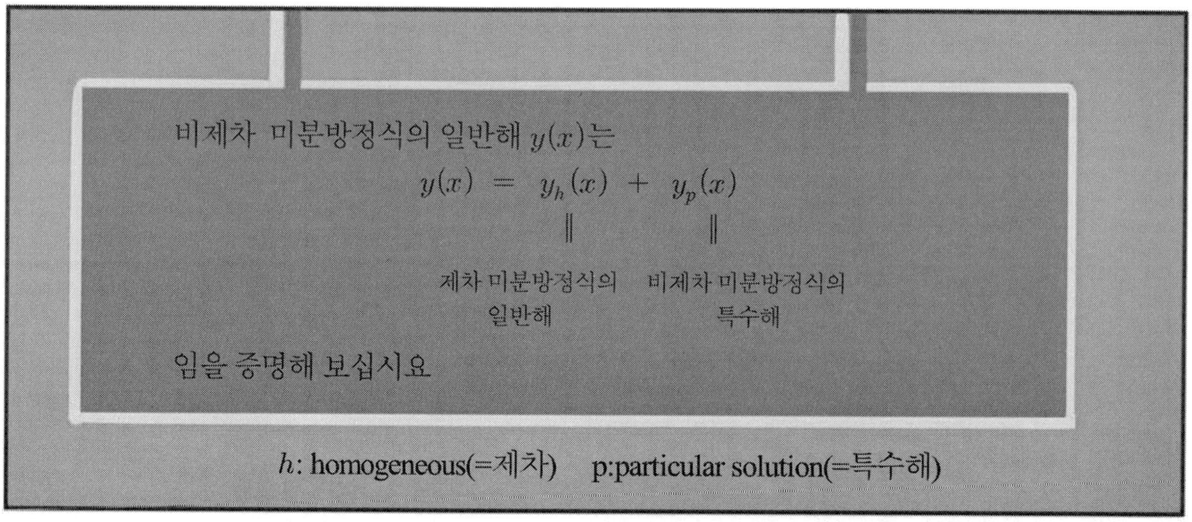
비제차 미분방정식의 일반해 $y(x)$는
$y(x) = y_h(x) + y_p(x)$
제차 미분방정식의 일반해
비제차 미분방정식의 특수해
임을 증명해 보십시요
h: homogeneous(=제차) p:particular solution(=특수해)

$y = y_h + y_p$
$y'' + ay' + by = r$
가
을 만족한다는 것을 보여주면 되는거죠?

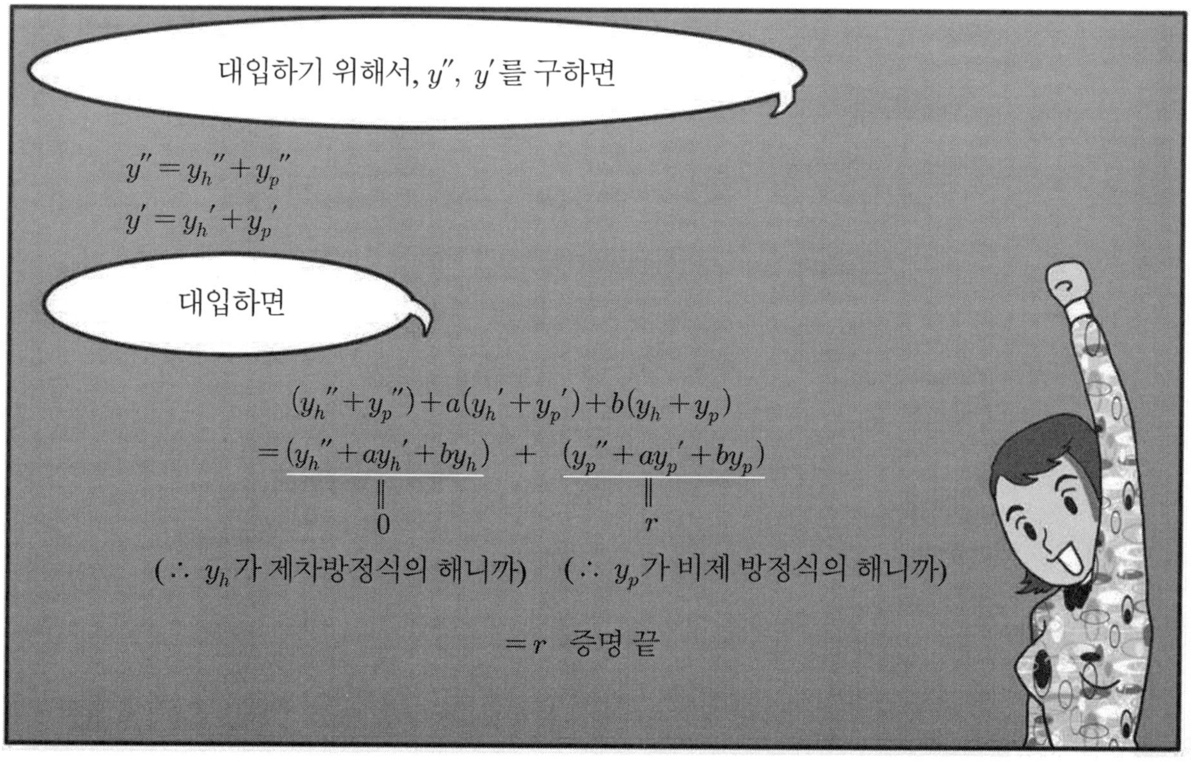
대입하기 위해서, y'', y'를 구하면
$y'' = y_h'' + y_p''$
$y' = y_h' + y_p'$
대입하면
$(y_h'' + y_p'') + a(y_h' + y_p') + b(y_h + y_p)$
$= (y_h'' + ay_h' + by_h) + (y_p'' + ay_p' + by_p)$
0 r
($\therefore$ y_h가 제차방정식의 해니까) ($\therefore$ y_p가 비제 방정식의 해니까)
$= r$ 증명 끝

y_h를 구하는 법은 2층에서 배운대로 하면 되지만, y_p는 어떻게 구하죠?
보통
미정계수법으로 구합시다.
띠잉-..
미정 계수법이 뭐죠?
미정계수법이란 y_p를 $r(x)$와 유사한 꼴에 적당히 계수를 붙인 것으로 가정한 다음, 주어진 방정식을 만족하도록 미정계수를 결정하는 방법이란다.

미정계수법으로 y_p 구하기
$r(x)$ y_p
$ke^{rx} \rightarrow Ce^{rx}$
$kx^n \rightarrow K_n x^n + K_{n-1}x^{n-1} + \cdots + K_1 x + K_0$
$k\cos\omega x$, $k\sin\omega x \rightarrow K\cos\omega x + M\sin\omega x$
$ke^{\alpha x}\cos\omega x$, $ke^{\alpha x}\sin\omega x \rightarrow e^{\alpha x}(K\cos\omega x + M\sin\omega x)$
수정법칙: 그래도 안되면 y_p에 x나 x^2를 곱해서 해본다.
…
왼쪽 같은 $r(x)$에는, 오른쪽 같은 y_p를 가정한다.

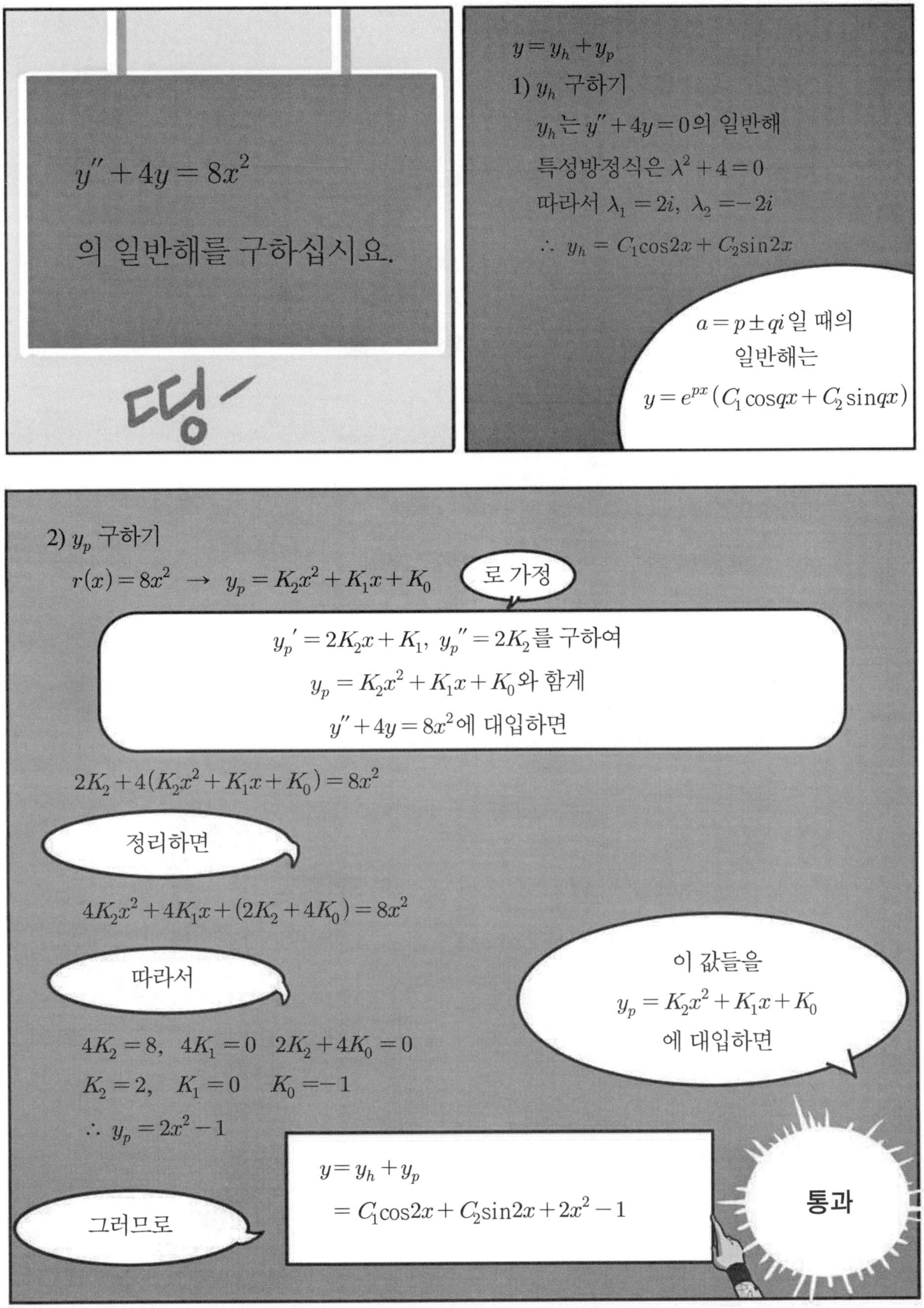

$y'' + 4y = 8x^2$
의 일반해를 구하십시요.
띵-
$y = y_h + y_p$
1) y_h 구하기
y_h는 $y'' + 4y = 0$의 일반해
특성방정식은 $\lambda^2 + 4 = 0$
따라서 $\lambda_1 = 2i,\ \lambda_2 = -2i$
$\therefore\ y_h = C_1\cos 2x + C_2\sin 2x$
$a = p \pm qi$일 때의
일반해는
$y = e^{px}(C_1\cos qx + C_2\sin qx)$
2) y_p 구하기
$r(x) = 8x^2 \ \rightarrow\ y_p = K_2x^2 + K_1x + K_0$
로 가정
$y_p' = 2K_2x + K_1,\ y_p'' = 2K_2$를 구하여
$y_p = K_2x^2 + K_1x + K_0$와 함께
$y'' + 4y = 8x^2$에 대입하면
$2K_2 + 4(K_2x^2 + K_1x + K_0) = 8x^2$
정리하면
$4K_2x^2 + 4K_1x + (2K_2 + 4K_0) = 8x^2$
따라서
$4K_2 = 8,\ \ 4K_1 = 0\ \ 2K_2 + 4K_0 = 0$
$K_2 = 2,\ \ K_1 = 0\ \ K_0 = -1$
$\therefore\ y_p = 2x^2 - 1$
이 값들을
$y_p = K_2x^2 + K_1x + K_0$
에 대입하면
그러므로
$y = y_h + y_p$
$= C_1\cos 2x + C_2\sin 2x + 2x^2 - 1$
통과

퀴즈 1 $y'' - 4y' + 3y = 10e^{-2x}$ 의 일반해를 구하라.

답 비제차 미분방정식의 일반해 $y(x)$는

$$y(x) = y_h(x) + y_p(x)$$

- $y_p(x)$: 비제차 미분방정식의 특수해
- $y_h(x)$: 제차 미분방정식의 일반해

1) 1단계: y_h 구하기

$y'' - 4y' + 3y = 0$의 특성방정식은 $\lambda^2 - 4\lambda + 3 = 0$

따라서, $\lambda = 1, 3$, 그러므로 $y_h = C_1 e^x + C_2 e^{3x}$

2) 2단계: y_p 구하기

우변이 $10e^{-2x}$이므로, $y_p = Ce^{-2x}$로 가정

$y_p' = -2Ce^{-2x}$, $y_p'' = 4Ce^{-2x}$를

$y'' - 4y' + 3y = 10e^{-2x}$에 대입

$4Ce^{-2x} - 4(-2Ce^{-2x}) + 3(Ce^{-2x}) = 10e^{-2x}$

따라서

$$4C + 8C + 3C = 10 \rightarrow C = \frac{2}{3}$$

그러므로, $y_p = \frac{2}{3}e^{-2x}$

3) 3단계: $y(x)$ 구하기

$$y(x) = y_h + y_p = C_1 e^x + C_2 e^{3x} + \frac{2}{3}e^{-2x}$$

계수가 상수가 아닌 2계 미분방정식

계수가 x의 함수인
2계 미분방정식은
어떻게 푸나요?
멱급수를 이용해서
푼단다.
멱급수?
멱급수
$\sum_{n=0}^{\infty} a_n x^n$
$= a_0 + a_1 x + a_2 x^2 + \cdots$

멱급수 해법이란
$y''+f(x)y'+g(x)y$
$=r(x)$의 해를
$y=\sum_{n=0}^{\infty} a_n x^n$
이라고 가정하면

$y'=\sum_{n=1}^{\infty} n a_n x^{n-1}$
$y''=\sum_{n=2}^{\infty} n(n-1) a_n x^{n-2}$
이것들을
원식에 대입해서
각항별로 정리하여
계수를 구하는
방법입니다.
알겠지?

미정계수법
이랑
비슷한거군요!
$y''+xy'-y=0$
를 푸시오.
음 -
해를 $y=\sum_{n=0}^{\infty} a_n x^n$ 이라고 가정하면,
$y'=\sum_{n=1}^{\infty} na_n x^{n-1}$, $y''=\sum_{n=2}^{\infty} n(n-1)a_n x^{n-2}$
니까, 이걸 원식에 대입하면
$\sum_{n=2}^{\infty} n(n-1)a_n x^{n-2}+x\sum_{n=1}^{\infty} na_n x^{n-1}-\sum_{n=0}^{\infty} a_n x^n=0$
가 되는군요.

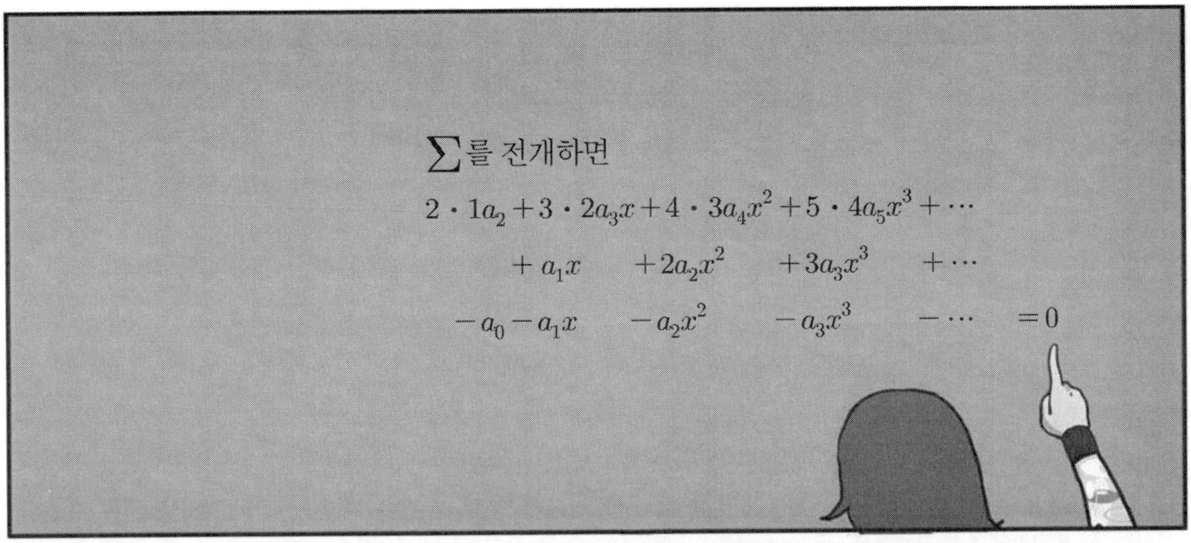
$\sum$를 전개하면
$2 \cdot 1a_2 + 3 \cdot 2a_3x + 4 \cdot 3a_4x^2 + 5 \cdot 4a_5x^3 + \cdots$
$+ a_1x \quad + 2a_2x^2 \quad + 3a_3x^3 \quad + \cdots$
$- a_0 - a_1x \quad - a_2x^2 \quad - a_3x^3 \quad - \cdots \quad = 0$

따라서
$2a_2 - a_0 = 0$
$3.2a_3 + a_1 - a_1 = 0$
$4.3a_4 + 2a_2 - a_2 = 0$
$\vdots$
$(n+2)(n+1)a_{n+2} + na_n - a_n = 0$
x^n의 계수

그러므로
$a_{n+2} = \frac{1-n}{(n+2)(n+1)} a_n, (n = 0,\ 1,\ 2,\ 3,\ \cdots)$
이라는 점화식을 얻게되고

이 점화식에 $n=0,\ 1,\ 2,\ 3,\ \cdots$를 대입하면

$$a_2 = \frac{1}{2}a_0 \qquad (n=0)$$

$$a_3 = 0 \qquad (n=1)$$

$$a_4 = -\frac{1}{3\cdot4}a_2 = -\frac{1}{2\cdot3\cdot4}a_0 = -\frac{1}{4!}a_0 \qquad (n=2)$$

$$a_5 = -\frac{2}{4\cdot5}a_3 = 0 \qquad (n=3)$$

$$a_6 = -\frac{3}{5\cdot6}a_{4-} = \frac{-3}{5\cdot6}\,\frac{-1}{2\cdot3\cdot4}a_0 = \frac{3}{6!}a_0 \qquad (n=4)$$

$$a_7 = -\frac{4}{6\cdot7}a_5 = 0 \qquad (n=5)$$

$$a_8 = -\frac{5}{7\cdot8}a_6 = -\frac{3\cdot5}{8\cdot7}\,\frac{1}{6!}a_0 = -\frac{3\cdot5}{8!}a_0 \qquad (n=6)$$

$$\vdots$$

따라서 가정한 해

$$y = \sum_{n=0}^{\infty} a_n x^n = a_0 + a_1 x + a_2 x^2 + a_3 x^3 + a_4 x^4 + \cdots \text{에,}$$

위에서 구한 계수를 대입하면

$$y = a_0 + a_1 x + \frac{1}{2}a_0 x^2 - \frac{1}{4!}a_0 x^4 + \frac{3}{6!}a_0 x^6 - \frac{3\cdot5}{8!}a_0 x^8 + \cdots$$

$$= \underbrace{a_1 x}_{y_1(x)} + a_0\underbrace{\left(1 + \frac{1}{2}x^2 - \frac{1}{4!}x^4 + \frac{3}{6!}x^6 - \frac{3\cdot5}{8!}x^8 + \cdots\right)}_{y_2(x)}$$

$y_1(x)$ $\quad$ $y_2(x)$라고 놓으면

이것은 $y=a_1y_1(x)+a_0y_2(x)$가 되는데, $y_1(x)$와 $y_2(x)$는 일차독립이므로, 이것이 주어진 방정식의 일반해이군요.
예~~

잘했다! 계수가 x의 함수인 2계 미분방정식 중에서 가장 유명한 것은 **르잔드르 미분방정식**과 **베셀 미분방정식**이란다.
르잔드르 미분방정식 $(1-x^2)y''-2xy'+n(n+1)y=0$ (n은 상수)
베셀 미분 방정식 $x^2y''+xy'+(x^2-\nu^2)y=0$ (ν는 음이 아닌 실수)

르잔드르 미분방정식
$(1-x^2)y''-2xy'+n(n+1)y=0$
르잔드르 방정식은 구형 대칭에 관계되는 문제, 예를 들면, 방사상으로 퍼져나가는 정전기장, 중력장 등의 문제에 적용된단다.

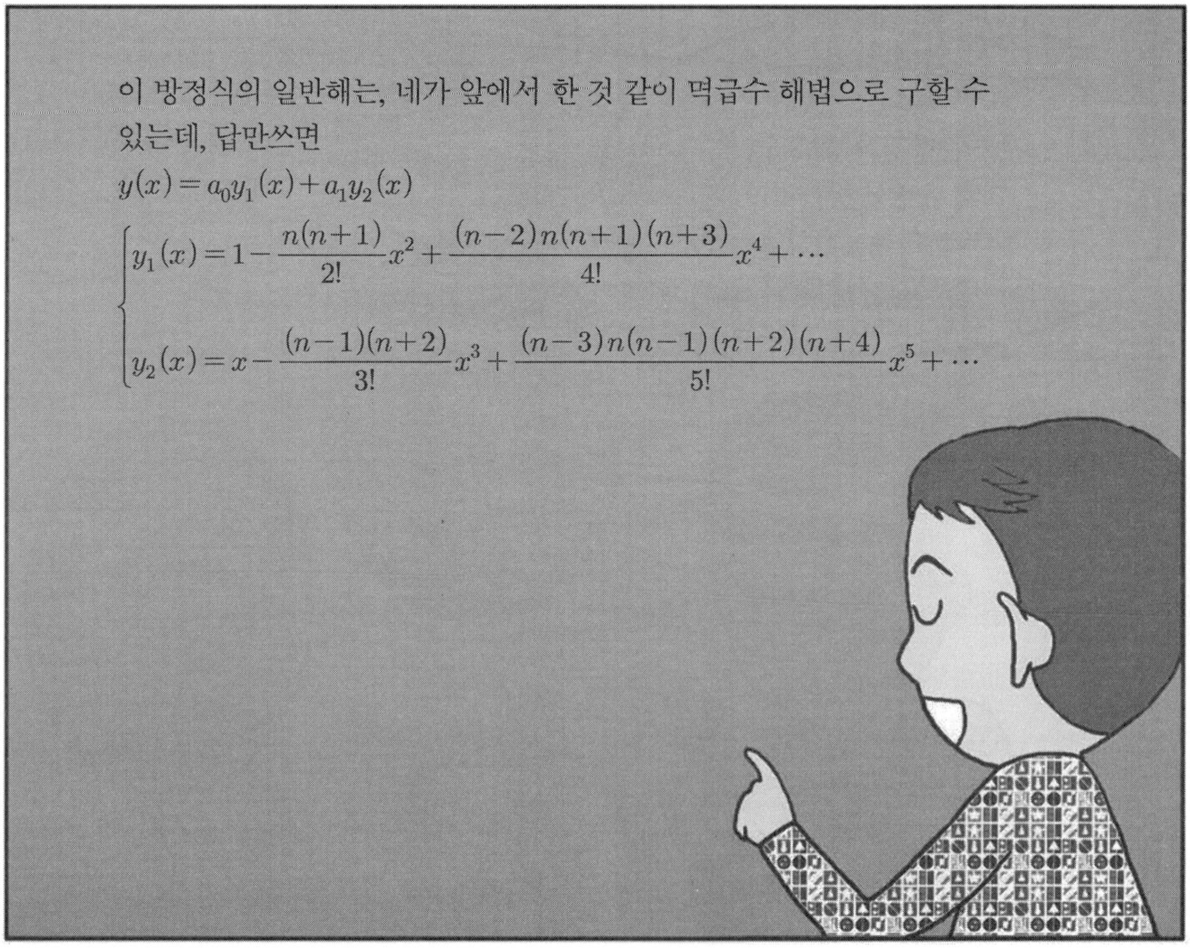
이 방정식의 일반해는, 네가 앞에서 한 것 같이 멱급수 해법으로 구할 수 있는데, 답만쓰면
$y(x)=a_0y_1(x)+a_1y_2(x)$
$\begin{cases} y_1(x)=1-\dfrac{n(n+1)}{2!}x^2+\dfrac{(n-2)n(n+1)(n+3)}{4!}x^4+\cdots \\ y_2(x)=x-\dfrac{(n-1)(n+2)}{3!}x^3+\dfrac{(n-3)n(n-1)(n+2)(n+4)}{5!}x^5+\cdots \end{cases}$

베셀 미분방정식
$x^2y'' + xy' + (x^2 - \nu^2)y = 0$
베셀 방정식은 원통형 도체내의 전류의 전달, 실린더 내의 열흐름, 원형막의 떨림 등을 연구할 때 나타나게 되지.

일반해는 $y(x) = \sum_{n=0}^{\infty} a_n x^{n+r}$ 이라고 가정하고 풀면
$y(x) = C_1 J_\nu(x) + C_2 J_{-\nu}(x)$
$\begin{cases} J_\nu(x) = x^\nu \sum_{n=0}^{\infty} \frac{(-1)^n x^{2n}}{2^{2n+\nu} n!(n+\nu)!} \\ J_{-\nu}(x) = x^{-\nu} \sum_{n=0}^{\infty} \frac{(-1)^n x^{2n}}{2^{2n-\nu} n!(n-\nu)!} \end{cases}$
가 된단다.
물론 멱급수해법은 상수계수를 갖는 미분방정식에도 적용할 수 있다.

선생님!
이런 까다로운
것들을 배워서
도대체 어떤
이득이
있나요?
이 청년에게
동전이나 줘서 보내라.
이 청년은 학문을 하면
무언가 현실적인 이득을
얻어야 하는 것으로
생각하고 있는
모양이니까 말이다.
이름없는 청년
유클리드

퀴즈 1 미분방정식 $y' = 2xy$를

(a) 멱급수 해법으로 풀어라.

(b) 변수분리법으로 풀어서 해가 같음을 보여라.

답 해를 $y = \sum_{n=0}^{\infty} a_n x^n$ 으로 놓으면

$$y' = \sum_{n=1}^{\infty} n a_n x^{n-1}$$

주어진 식을 변형하면 $y' - 2xy = 0$, 대입하면

$\sum_{n=1}^{\infty} n a_n x^{n-1} - 2x \sum_{n=0}^{\infty} a_n x^n = 0$, 전개하면

$$1 \cdot a_1 x^0 + 2a_2 x + 3a_3 x^2 + 4a_4 x^3 + 5a_5 x^4 + 6a_6 x^5 + \cdots$$

$$-2x(a_0 x^0 + a_1 x + a_2 x^2 + a_3 x^3 + a_4 x^4 + \cdots) = 0$$

$$a_1 + 2a_2 x + 3a_3 x^2 + 4a_4 x^3 + 5a_5 x_4 + 6a_6 x^5 + \cdots$$

$$-2a_0 x - 2a_1 x^2 - 2a_2 x^3 - 2a_3 x^4 - 2a_4 x^5 + \cdots = 0$$

$$a_1 + (2a_2 - 2a_0)x + (3a_3 - 2a_1)x^2 + (4a_4 - 2a_2)x^3 + (5a_5 - 2a_3)x^4 + (6a_6 - 2a_4)x^5 + \cdots = 0$$

양변이 0으로 같기 위해서는 계수가 모두 0이어야 함.

$$a_1 = 0,\ 2a_2 - 2a_0 = 0 \rightarrow a_2 = a_0$$

$$3a_3 - 2a_1 = 0 \rightarrow a_3 = \frac{2}{3}a_1 = 0$$

$$4a_4 - 2a_2 = 0 \rightarrow a_4 = \frac{1}{2}a_2$$

$$5a_5 - 2a_3 = 0 \rightarrow a_5 = \frac{2}{5}a_3 = 0$$

$$6a_6 - 2a_4 = 0 \rightarrow a_6 = \frac{1}{3}a_4 = \frac{1}{3.2}a_2 \cdots$$

정리해 보면

$$a_1 = 0$$

$$a_2 = a_0$$

$$a_3 = 0$$

$$a_4 = \frac{1}{2}a_2 = \frac{1}{2!}a_0$$

$$a_5 = 0$$

$$a_6 = \frac{1}{3.2}a_2 = \frac{1}{3!}a_0$$

$$\vdots$$

이 값들을 해로 가정한

$$y = \sum_{n=0}^{\infty} a_n x^n = a_0 + a_1 x + a_2 x^2 + a_3 x^3 + a_4 x^4 + a_5 x^5 + a_6 x^6 + \cdots$$

에 대입하면

$$y = a_0 + a_0 x^2 + \frac{1}{2!}a_0 x^4 + \frac{1}{3!}a_0 x^6 + \cdots$$

$$= a_0\left(1 + x^2 + \frac{1}{2!}x^4 + \frac{1}{3!}x^6 + \cdots\right)$$

$$= a_0 e^{x^2}$$

홀수차수항은 모두 없어짐

( )속은 e^{x^2}임

(b) $y' = 2xy$, $\dfrac{dy}{dx} = 2xy$, 변수분리하면

$\dfrac{dy}{y} = 2x\,dx$, 적분하면 $\displaystyle\int \frac{dy}{y} = \int 2x\,dx$

$\ln|y| = x^2 + C$, 양변에 e를 취하면

$e^{\ln|y|} = e^{x^2 + C} = e^{x^2}e^C = \widetilde{C}e^{x^2}$, 따라서

e와 $\ln$은 역이므로 상쇄

$y = \widetilde{C}e^{x^2}$

$\widetilde{C} = a_0$로 놓으면 (a)의 해와 같음. 즉

$y = a_0 e^{x^2}$

퀴즈 2 일반꼴이 $y''+f(x)y'+g(x)y=r(x)$인 계수가 상수가 아닌 2계 미분방정식은 멱급수 해법으로 모두 풀 수 있을까?

답 그렇지 않습니다. 특수한 경우에만 풀 수 있습니다.
일반적으로는 풀리지 않는 것이 더 많습니다.
계수가 상수가 아닌 2계 미분방정식의 일반적인 해법은 없습니다.
따라서, 컴퓨터를 이용해서 근사해를 구하는 경우가 많습니다.

$y'+p(x)y=r(x)$를 1계 선형 미분방정식
$y''+f(x)y'+g(x)y=r(x)$를 2계 선형 미분방정식이라고 합니다.
미분방정식의 응용에는 이 두 가지가 가장 중요합니다.

라플라스 변환

도사님
이건 뭐예요?
빙글
빙글
CD-ROM
이란다.
하나
해볼까?
라플라스 변환

라플라스 변환이란, 미분방정식을 쉽게 풀기 위해서 라플라스가 고안 한 방법입니다.
라플라스 변환
미분방정식의 풀이
짜잔~
함수 $f(t)$의 라플라스변화 $\mathcal{L}(f)$는
$\mathcal{L}(f)=\int_0^\infty e^{-st}f(t)dt$
역변환은
$\mathcal{L}^{-1}\mathcal{L}(f)=f(t)$
예제
e^{-st}를 곱해서 적분한 것을 라플라스 변환이라고 하는 군요.
[예제 1]
$\mathcal{L}(1)$을 구하시오.
$f(t)=1$이니까
$\mathcal{L}(1)=\int_0^\infty 1\cdot e^{-st}dt$
$=\left[-\frac{1}{s}e^{-st}\right]_0^\infty$
$=\frac{1}{s}$
이군요.
호..호.호
호호호

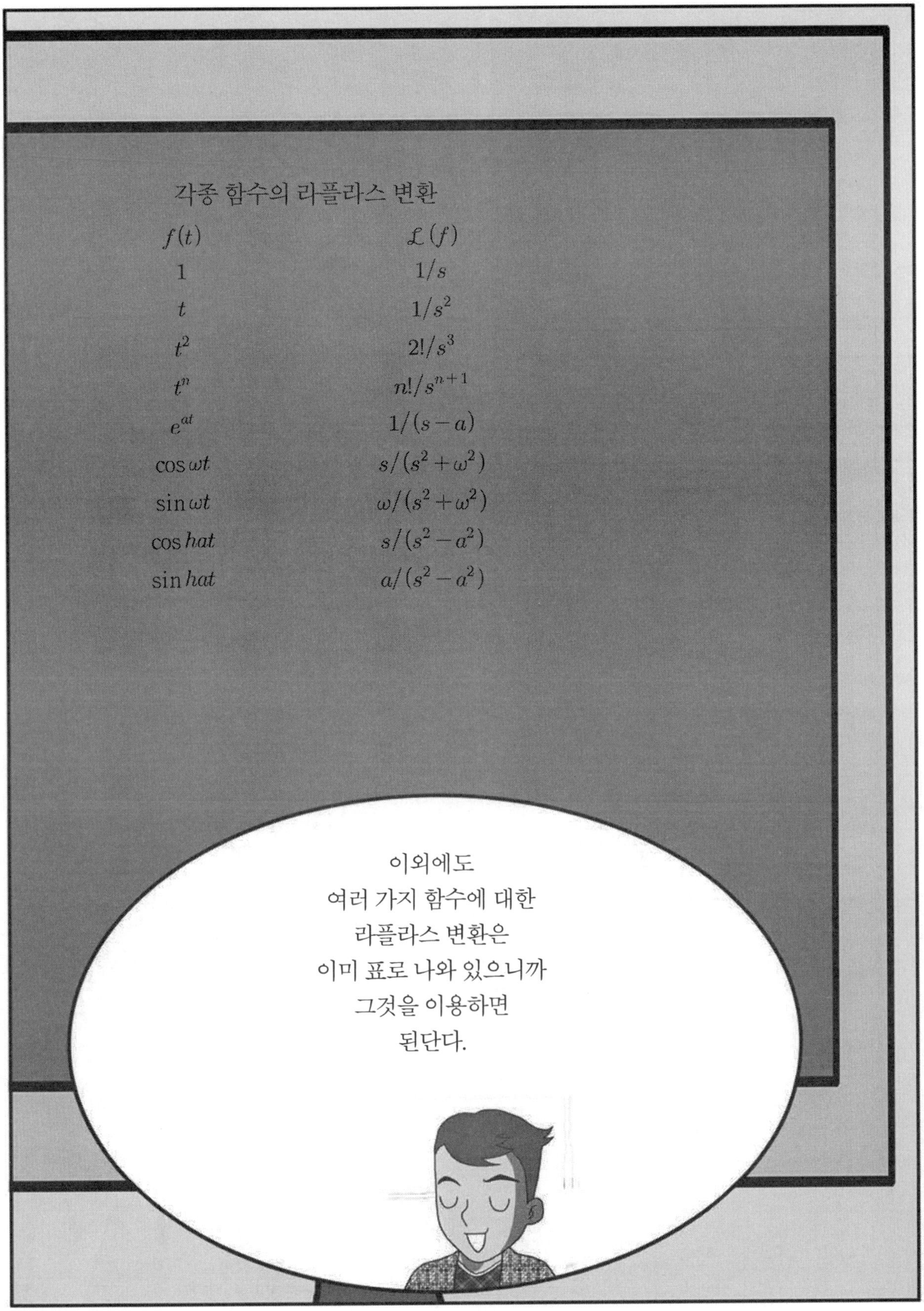
각종 함수의 라플라스 변환
$f(t)$ $\mathcal{L}(f)$
1 $1/s$
t $1/s^2$
t^2 $2!/s^3$
t^n $n!/s^{n+1}$
e^{at} $1/(s-a)$
$\cos\omega t$ $s/(s^2+\omega^2)$
$\sin\omega t$ $\omega/(s^2+\omega^2)$
$\cos hat$ $s/(s^2-a^2)$
$\sin hat$ $a/(s^2-a^2)$
이외에도 여러 가지 함수에 대한 라플라스 변환은 이미 표로 나와 있으니까 그것을 이용하면 된단다.

[예제 2]
$\mathcal{L}(f')$를 구하시오.
$\mathcal{L}(f')=\int_0^\infty e^{-st}f'(t)dt$니까, 부분 적분하면
$=\left[e^{-st}f(t)\right]_0^\infty+s\int_0^\infty e^{-st}f(t)dt$
$\| \quad \|$
$-f(0) \quad s\,\mathcal{L}(f)$
$=s\,\mathcal{L}(f)-f(0)$네요.
[예제 3]
$\mathcal{L}(f'')$를 구하시오.
$\mathcal{L}(f'')=s\,\mathcal{L}(f')-f'(0)$
$=s\left[s\,\mathcal{L}(f)-f(0)\right]-f'(0)$
$=s^2\,\mathcal{L}(f)-s\,f(0)-f'(0)$
가 되네요.

[연습문제]
다음의 초기치 문제를 푸시오.
$y''+4y'+3y=0,$
$y(0)=3,\ y'(0)=1$
자,
이제 라플라스 변환을
이용해서
미분방정식을
풀어봐라.

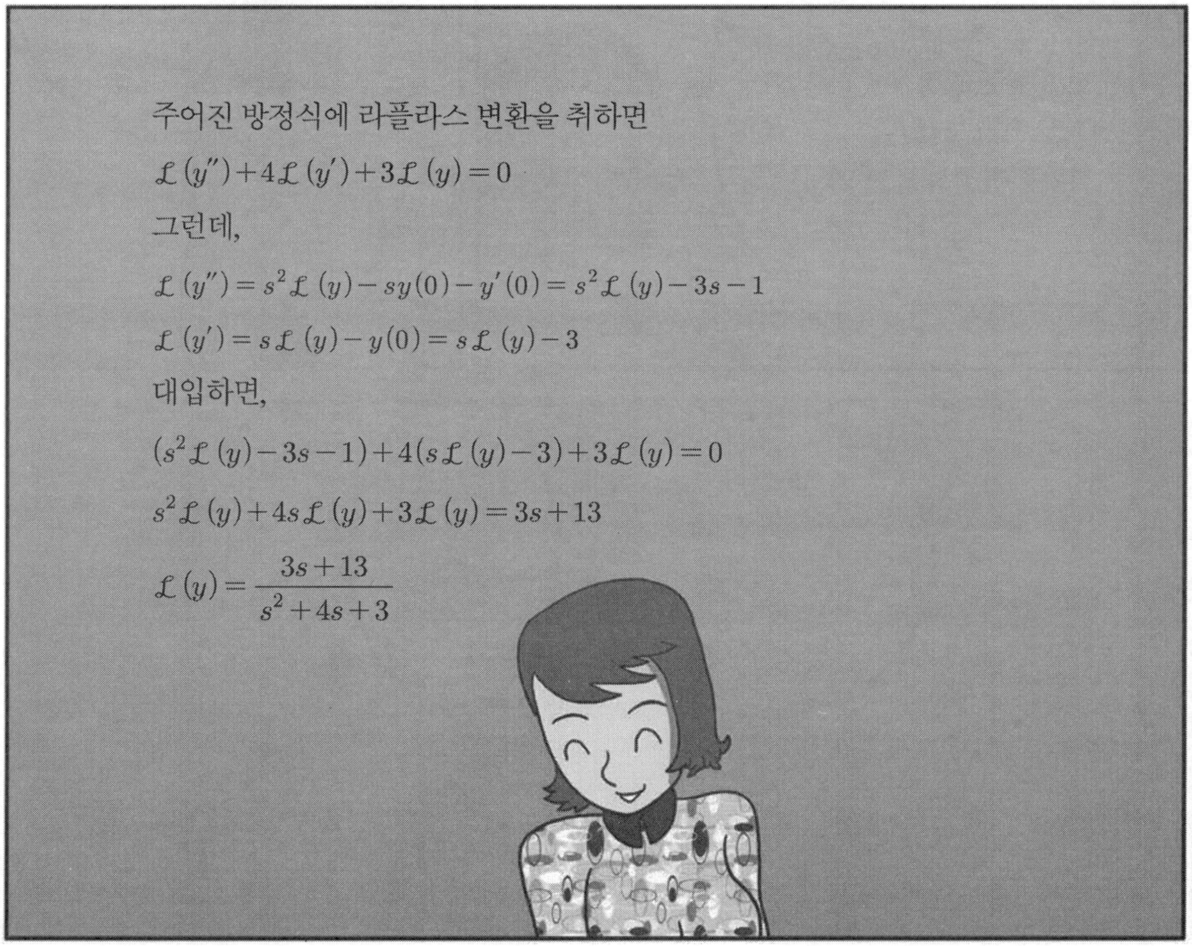
주어진 방정식에 라플라스 변환을 취하면
$\mathcal{L}(y'')+4\mathcal{L}(y')+3\mathcal{L}(y)=0$
그런데,
$\mathcal{L}(y'')=s^2\mathcal{L}(y)-sy(0)-y'(0)=s^2\mathcal{L}(y)-3s-1$
$\mathcal{L}(y')=s\mathcal{L}(y)-y(0)=s\mathcal{L}(y)-3$
대입하면,
$(s^2\mathcal{L}(y)-3s-1)+4(s\mathcal{L}(y)-3)+3\mathcal{L}(y)=0$
$s^2\mathcal{L}(y)+4s\mathcal{L}(y)+3\mathcal{L}(y)=3s+13$
$\mathcal{L}(y)=\dfrac{3s+13}{s^2+4s+3}$

부분 분수로 나누면
$\mathcal{L}(y) = \frac{3s+13}{s^2+4s+3}$
$= \frac{3s+13}{(s+3)(s+1)}$
$= \frac{-2}{s+3} + \frac{5}{s+1}$
여기에 역변환을 취하면
$\mathcal{L}^{-1}\mathcal{L}(y) = y$
따라서
$y = \mathcal{L}^{-1}\left(\frac{-2}{s+3}\right) + \mathcal{L}^{-1}\left(\frac{5}{s+1}\right)$
앞의 표로부터
$= -2e^{-3t} + 5e^{-t}$
가 되는군요.
그러니까, 라플라스 변환을 이용해 미분방정식을 풀려면 1) 우선 주어진 방정식에 라플라스 변환을 취해 $\mathcal{L}(y)$를 구한 다음 2) 역변환을 취해서 $\mathcal{L}^{-1}\mathcal{L}(y) = y$를 구하면 되는군요.
교묘하게 미분방정식이 풀리네요.
순전히 대수적인 조작만으로 미분방정식을 풀 수 있지.
이런걸 어떻게 생각 해냈을까?

내려가자.
네.
2계 미분방정식
1 2 3 4
띠잉
고계 미분방정식
저쪽은 들르지 않나요.
저기는 여러번 미분한 항이 들어있는 복잡한 방정식 층인데, 응용에는 별로 쓰이지 않아. 수학관에서는 그만 나가자.

퀴즈 1 함수 $f(x)=e^{at}$의 라플라스변환 $\mathcal{L}(f)$를 구하라. 단 $s-a>0$이다.

답 라플라스변환의 정의에 의하면

$$\mathcal{L}(f)=\int_0^{\infty} e^{-st} f\,dt,\ f=e^{at}\text{대입}$$

$$=\int_0^{\infty} e^{-st} e^{at}\,dt$$

$$=\int_0^{\infty} e^{-(s-a)t}\,dt$$

$$=\left[-\frac{1}{s-a}e^{-(s-a)t}\right]_0^{\infty}$$

$$=-\frac{1}{s-a}\underbrace{e^{-(s-a)\infty}}_{0}-\left(-\frac{1}{s-a}\underbrace{e^{-(s-a)\cdot 0}}_{1}\right)$$

$$\therefore\ \frac{1}{e^{(s-a)\infty}}=\frac{1}{\infty}=0$$

$$=\frac{1}{s-a}$$

따라서 $\mathcal{L}(e^{at})=\dfrac{1}{s-a}$

퀴즈 2 $y'' - y = 0$의 해 $y(t)$를 라프라스변환을 이용하여 구하라. 단, 초기치는 $y(0) = 1,\ y'(0) = 1$이다.

답 주어진 미분방정식에 라플라스변환을 취하면

$$\mathcal{L}(y'') - \mathcal{L}(y) = 0$$

여기서

$$\mathcal{L}(y'') = s^2\mathcal{L}(y) - sy(0) - y'(0)$$
$$= s^2\mathcal{L}(y) - s - 1 \text{이므로 대입}$$

$$s^2\mathcal{L}(y) - s - 1 - \mathcal{L}(y) = 0$$

$$(s^2 - 1)\mathcal{L}(y) = s + 1$$

$$\mathcal{L}(y) = \frac{s+1}{s^2-1} = \frac{s+1}{(s+1)(s-1)} = \frac{1}{s-1}$$

y를 구하기 위하여 역변환 $\mathcal{L}^{-1}$을 양변에 취하면

$$\mathcal{L}^{-1}\mathcal{L}(y) = y = \mathcal{L}^{-1}\left(\frac{1}{S-1}\right)$$

$$y(t) = e^t$$

M/E/M/O/

6. 2계 미분방정식의 응용

– 역학계, 전기계 –

상수 계수를 갖는 2계 미분방정식의 응용

상수 계수를 갖는 2계 미분방정식의 응용

그럼, 진동하는 폭이 작아서 잘 안 보이는 것 뿐이지, 쇠막대기 뿐만 아니라, 심지어는 건물, 다리 등도 이와 유사하게 진동한단다.
그래요? 놀랍네요.
따라서, 이러한 물체들의 운동은 스프링에 매단 공의 운동으로 단순화할 수 있지. 이와 같은 단순화를 모형제작이라고 한단다.
모형제작
수식으로 나타내기 쉽게 단순화하는 거지
스프링을 매단 공의 운동을 자유진동이라고 한단다.

처음에만 늘어뜨리기 위해서 힘을 가했을 뿐이고,
그 후에 운동하는 도중에는 운동을 강제하는 힘이
아무것도 작용하지 않으니까.
자유로운 운동이라는 의미에서 자유진동이라고
한단다.

운동방정식
스프링에 매단
공과 같은
역학계의 운동을
식으로 나타내면
어떻게 되겠니?
글쎄요?

모든 물체의 운동은
$F=ma$로
나타낼 수 있다.
우주의 모든 물체는 내
운동방정식을 따른다.
하하하!
어머!
뉴턴이잖아.

잘 가
자, 뉴턴의 얘기를 들었으니까 이젠 운동 방정식을 세울 수 있겠지?
잘 모르겠는데요.
뉴턴에 대해 잘 안다고 생각했는데 생각해보니까 별로 아는게 없네!
정지상태에서는 이 공에 어떤 힘들이 작용하겠니?
중력과 스프링이 잡아당기는 힘이 작용하지요. 그런데, 정지해 있으니까 이 두 힘이 같겠죠.
스프링력 F_1
중력 F_2
공을 매단 스프링이 S_0 만큼 늘어나 있군요.
S_0
그러니까, 스프링력 F_1은 훅크의 법칙에 따라 $F_1 = kS_0$가 되네요. 또, 중력 F_2는 공의 질량을 m이라고 하고, 스프링의 질량은 무시하면 $F_2 = mg$인데, 이 두 힘이 같아야 하니까 $kS_0 = mg$가 되네요.

공을 잡아
당겼다가
놔 보라.
진동하네요.
이때, 어떤 한 순간에 이 공에
작용하는 모든 힘을 구해봐라.
예를 들어서, 정지 위치보다
y만큼 밑에 있을
때를 생각해 봐라.
S_0
y
$kS_0 = F_1$
$ky = F_3$
$mg = F_2$
중력과 스프링력이
작용할텐데 중력은
mg이고 스프링력은,
스프링이 전부 $(S_0 + y)$
만큼 늘어났으니까
스프링력은
$k(S_0 + y)$네요.

이들 힘의 합은 뭐가 되겠니?
중력을 양의 방향으로 잡으면, 스프링력은 반대방향이니까 $mg-k(S_0+y)$겠네요.
그런데 $mg=kS_0$니까, 결국은 $-ky$뿐이군요.
그게 바로 $F=ma$에서 F가 되는 거야. 왜냐하면, F는 작용하는 모든 힘의 합이거든.
그러면, 이 공의 운동 방정식은 결국 $-ky=ma$가 되는군요.
그렇지, 그런데 가속도 a는 변위 y를 시간에 대해서 두 번 미분, 즉,
$a=\frac{d^2y}{dt^2}=\ddot{y}$한거니까,
$-ky=m\ddot{y}$
$m\ddot{y}+ky=0$
m과 k는 상수니까, 결국 상수계수를 갖는 2계 제차 미분 방정식이 되는거지.

$m\ddot{y}+ky=0$을 푸시오.
우선, 상수 계수를 갖는
2계 제차 미분방정식의 일반꼴
$y''+ay'+by=0$
형태로 만들어야 되니까,
양변을 m으로 나누면
$\ddot{y}+\frac{k}{m}y=0$
이 방정식의 해를 $y=e^{\lambda x}$라고
가정해서, 대입하면
$\lambda^2 e^{\lambda x}+\frac{k}{m}e^{\lambda x}=0$
$\left(\lambda^2+\frac{k}{m}\right)e^{\lambda x}=0$
따라서, 특성 방정식은
$\lambda^2+\frac{k}{m}=0$
특성 방정식의 근은
$\lambda_1=\sqrt{\frac{k}{m}}i,\ \lambda_2=-\sqrt{\frac{k}{m}}i$
일반해를 구하는 공식에 의하면
허근 $\lambda_1=p+qi,\ \lambda_2=p-qi$
를 가질 때의 일반해는
$y=e^{px}(c_1\cos qx+c_2\sin qx)$
위의 경우에는
$p=0\ \ q=\sqrt{\frac{k}{m}}$
니까

결국 일반해는
$y(t) = C_1\cos\sqrt{\frac{k}{m}}\,t + C_2\sin\sqrt{\frac{k}{m}}\,t$
가 되네요.
간단히 하기 위해서 $\sqrt{\frac{k}{m}} = \omega_0$ 라고 놓으면
$y(t) = C_1\cos\omega_0 t + C_2\sin\omega_0 t$
$= C\cos(\omega_0 t - \delta)$
(단, $C = \sqrt{C_1^2 + C_2^2}$, $\tan\delta = \frac{C_2}{C_1}$)
가 된단다.
$y(t) = C\cos(\omega_0 t - \delta)$의 그래프는?
$y(t)$
δ
t
휴~

시간이 지남에 따라서 진동의 형태가 변하겠니, 변하지 않겠니?
그거야 변하지 않겠죠. 그 그래프를 이렇게 옆에서 보면 진동의 형태가 ↕ 라는 것을 알 수 있는데 시간이 지나도 같은 진폭이 유지되니까 변하지 않죠.
$y(t)$
δ
t
이러한 진동을, 진폭이 일정하게 영원히 유지된다고 해서, 조화진동이라고 한단다.
비감쇠 자유진동
운동방정식
$m\ddot{y}+ky=0$
특성방정식
$\lambda^2+\frac{k}{m}=0$
일반해 $C\cos(\omega_0 t-\delta)$
$y(t)$
t
그런데, 실제로는, 스프링에 매단 공은 시간이 지남에 따라 진폭이 감쇠해서, 결국에는 정지했지? 어떻게 된거냐
우리가 고려하지 않은 운동을 방해하는 힘이 있다는 거죠.
감쇠 자유진동

퀴즈 1 질량 $m = 5.80$ kg인 쇠공을 천정에 매달려 있는 스프링에 연결했더니 스프링이 $S_0 = 8.00$ cm만큼 늘어난 후 정지했다. 이 상태에서 쇠공을 초기변위 $y(0) = 18.0$ cm만큼 아래로 잡아 당긴 후 정지상태에서 놓아서 진동시켰다.

(a) 이 진동의 각 진동수 ω_0를 구하라.

(b) 이 진동을 식으로 표현하라.

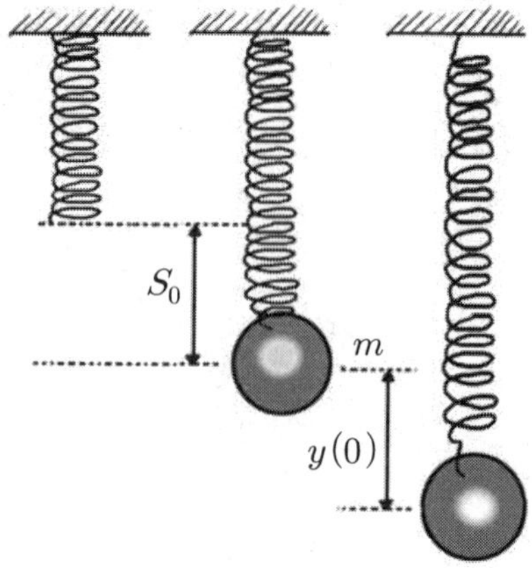

답 비감쇠 자유진동임.

(a) 이때 각 진동수 $\omega_0 = \sqrt{\dfrac{k}{m}}$

정지시에는 중력 mg =스프링력 ks_0

따라서 $k = \dfrac{mg}{s_0} = \dfrac{(5.80\text{ kg})\,(9.80\text{ m/s}^2)}{8.00 \times 10^{-2}\text{ m}} \approx 711\ \text{N/m}$

그러므로

각 진동수 $\omega_0 = \sqrt{\dfrac{k}{m}} = \sqrt{\dfrac{711\text{N/m}}{5.80\text{ kg}}} \approx 11.1\ \text{rad/s}$

(b) 비감쇠 자유진동을 나타내는 식 즉, 일반해는

$y(t) = C_1 \cos\omega_0 t + C_2 \sin\omega_0 t$ ………………… (*)

여기서 ω_0는 (a)에서

이미 구했음. $\omega_0 = 11.1 \text{ rad/s}$

상수 C_1과 C_2는 두 개의 초기조건,

즉 초기변위 $y(0)$와 초기속도 $\dot{y}(0)$를

이용해서 구할 수 있음.

초기변위 $y(0) = 18.0$ cm로 주어져 있음

초기속도 $\dot{y}(0) = 0$임

이 조건들을 (*)식에 적용

i) 초기변위: (*)식에 $t = 0$대입

$y(0) = C_1 \cos\omega_0(0) + C_2 \sin\omega_0(0)$

$= C_1 = 18.0 \text{ cm} = 0.180 \text{ m}$

ii) 초기속도: 속도는 $y(t)$의 시간미분이므로

(*)식을 미분하면

$\dot{y}(t) = -\omega_0 C_1 \sin\omega_0 t + \omega_0 C_2 \cos\omega_0 t$

$t = 0$대입

$\dot{y}(0) = -\omega_0 C_1 \sin\omega_0(0) + \omega_0 C_2 \cos\omega_0(0)$

$= \omega_0 C_2 = 0 \rightarrow C_2 = 0$

구한 $C_1 = 0.180,\ C_2 = 0,\ \omega_0 = 11.1$을

(*)식에 대입하면

$y(t) = 0.180 \cos 11.1t \text{ m}$

$y(t) = C\cos(\omega_0 t - \delta)$

$(C = \sqrt{C_1^2 + C_2^2},\ \tan\delta = \dfrac{C_2}{C_1})$

식을 써도 되지만,
(*) 식을 쓰는 것이
이 경우 계산이
간단

변위를 시간 미분
하면 속도 $v = \dot{y}(t)$

$\dot{y}(0) = 0$, 왜냐하면
쇠공을 잡아 당긴후
정지상태(속도 영)에
서 놓았으므로

퀴즈 2

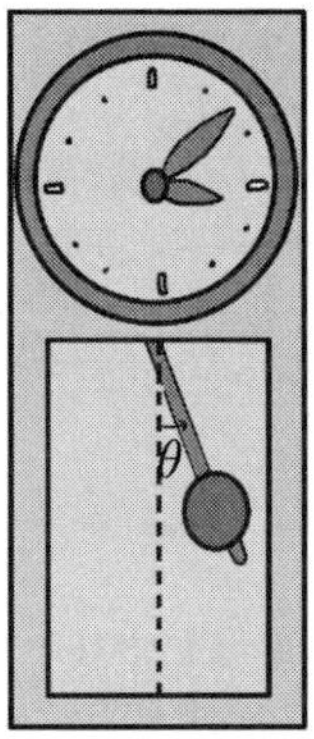

고장난 추시계의 추를 그림과 같이 각도 θ만큼 들어 올렸다가 놨을 때, 이 추의 운동을 θ에 관한 미분방정식으로 나타내라.
단, 공기저항과 줄의 무게는 무시한다.
또, θ가 충분히 작아서 $\sin\theta \approx \theta$라고 가정하자.

답

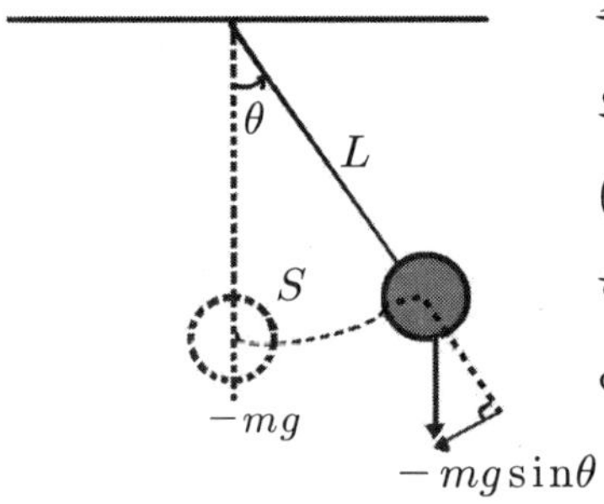

추의 질량을 m이라고 하면 중력 $(-mg)$에 의한 복원력의 평행성분은 $(-mg\sin\theta)$이다.
(−)를 붙인 이유는 이 힘이 추를 정지상태로 되돌리려는 힘이기 때문이다.
이 힘이 이 추에 작용하는 유일한 힘이다.

줄의 길이를 L이라고 하고, 정지상태로부터 이동한 거리를 S라고 하면 $S=L\theta$
뉴턴의 제2법칙은 $F = ma$
여기서

$$F=-mg\sin\theta$$

$$a=\frac{d^2S}{dt^2}=\frac{d^2(L\theta)}{dt^2}=\frac{Ld^2\theta}{dt^2}$$

그러므로 $-mg\sin\theta=mL\dfrac{d^2\theta}{dt^2}$

따라서 $\dfrac{d^2\theta}{dt^2}+\dfrac{g}{L}\sin\theta=0$

$\sin\theta\approx\theta$이므로 $\ddot{\theta}+\dfrac{g}{L}\theta=0$ (참고로 이추의 주기는 $f=\dfrac{1}{2\pi}\sqrt{\dfrac{g}{L}}$)

퀴즈 3 앞의 퀴즈 1에서 구한 추의 운동방정식 $\ddot{\theta}+\frac{g}{L}\theta=0$에는 추의 질량 m이 포함되어 있지 않다. 이 의미를 음미하라.

답

※ 비감쇠 자유진동은 이상적인 진동이다.

※ 같은 비감쇠 자유진동이라도 스프링 쇠공 모형에서는 복원력이 스프링에 의한 것$(-ky)$이므로, 질량 m이 들어가지를 않아서, 운동방정식 $F(=-ky)=m\ddot{y}$에는 질량 m이 포함된다. 그러나, 진자의 경우의 복원력 $(-mg\sin\theta)$과 진공중의 자유 낙하의 경우의 복원력 (mg)은 중력에 의한 것이므로 복원력에 질량 m이 포함되어, 운동방정식에는 양변에 모두 m이 나타나므로 m이 소거된다.

감쇠 자유 진동
운동을 방해하는 힘을 제공하는 전형적인 모형이 감쇠기란다.
감쇠기를 포함시켜서 모형을 제작해야, 실제현상에 보다 가까운 모형이 되는 거지
감쇠기를 한 번 만들어 볼까? 여기 이 큰 냄비에 물엿을 반쯤 부어라.
그 다음에 이 작은 냄비 뚜껑을 넣어라.

작은 냄비
뚜껑을
천천히 한 번
눌러봐라.
요번엔,
빨리
눌러봐라.
쿡.쿡.쿡....
빨리
누를 때 하고,
천천히
누를 때 하고
어느 쪽이
힘이
더 드냐?
빨리 누를
때요?
이걸
식으로
나타내면
어떻게
되겠니?
저항력이 누르는
속도에 비례하니까
$c\dot{y}$라고 쓸 수
있는데 운동방향과
반대방향이니까,
$-c\dot{y}$가 되겠네요.
감쇠기를 포함해 운동
방정식을 만들면 어떻게
되겠니?

작용하는 힘을 모두 합하면
$-ky-c\dot{y}$
이게 $F=ma$에서 F니까
$-ky-c\dot{y}=ma=m\ddot{y}$
즉
$m\ddot{y}+c\dot{y}+ky=0$
가 되네요.
이것도 상수 계수를 갖는 2계 제차 미분방정식 이잖아.
$m\ddot{y}+c\dot{y}+ky=0$을 푸시오.
일반꼴로 나타내면
$\ddot{y}+\frac{c}{m}\dot{y}+\frac{k}{m}y=0$
특성방정식은
$\lambda^2+\frac{c}{m}\lambda+\frac{k}{m}=0$
그러므로, 두근은
$\lambda_{1,2}=-\frac{c}{2m}\pm\frac{1}{2m}\sqrt{c^2-4mk}$
따라서, 고등학교때 배운 것 같이
i) $c^2>4mk$일 때는 두 실근
ii) $c^2<4mk$일 때는 두 허근
iii) $c^2=4mk$일 때는 중근
을 갖겠네요.

우선 ⅰ) 두 실근 일때의 일반해를 구해 보죠, 두 실근은
$\lambda_{1,2} = -\frac{c}{2m} \pm \frac{1}{2m}\sqrt{c^2-4mk}$
인데, 간단히 하기 위해
$\alpha = \frac{c}{2m},\ \beta = \frac{1}{2m}\sqrt{c^2-4mk}$
라고 놓으면
$\lambda_1 = -\alpha+\beta,\ \lambda_2 = -\alpha-\beta$
공식에 의하면 두실근 $\lambda_1,\ \lambda_2$를 가질 때의 일반해는
$y(x) = c_1e^{\lambda_1 x} + c_2e^{\lambda_2 x}$
니까
$y(t) = c_1e^{-(\alpha-\beta)t} + c_2e^{-(\alpha+\beta)t}$
가 되는군요.
일반해의 그래프를 그리기 위해서 음미해 보면
$t \to \infty$일 때 $y(t) \to 0$
왜냐하면 $(\alpha-\beta) > 0,$ $(\alpha+\beta) > 0$ $(\because\ \alpha > 0,\ \beta > 0,\ \alpha > \beta,$ $< \beta^2 = \left(\frac{1}{2m}\sqrt{c^2-4mk}\right)^2 = \alpha^2 - \frac{k}{m} < \alpha^2 >)$
예~~에
따라서 그래프는, 대충
$y(t)$
이렇게 되겠네.
진동하냐, 안하냐.
안하네요. 감쇠가 너무 심해서 쇠공이 굉장히 천천히 움직이네요.
계속해봐라.

두 번째로 ii) 두 허근을 가질 때의
일반해를 구합니다. 두 허근은
$\lambda_{1,2}=-\frac{c}{2m}\pm i\frac{1}{2m}\sqrt{4mk-c^2}$
α
ω^*
라고 놓으면
$\lambda_1=-\alpha+i\omega^*$
$\lambda_2=-\alpha-i\omega^*$
공식에 의하면 두 허근
$\begin{cases}\lambda_1=p+qi\\ \lambda_2=p-qi\end{cases}$ 를 가질때의 일반해는
$y(x)=e^{px}(C_1\cos qx+C_2\sin qx)$
$p=-\alpha,\ q=\omega^*$
니까, 따라서 일반해는
$y(t)=e^{-\alpha t}(C_1\cos\omega^*t+C_2\sin\omega^*t)$
$=\tilde{C}e^{-\alpha t}\cos(\omega^*t-\delta)$
(단, $\tilde{C}=\sqrt{C_1^2+C_2^2}$, $\tan\delta=\frac{C_2}{C_1}$)
가 되네요.
일반해의 그래프는
$y(t)$
$\tilde{C}e^{-\alpha t}$
t
$-\tilde{C}e^{-\alpha t}$
휴~
숨차.
휴~~
진동하냐
안하냐
진동하네요.
그렇지만, 시간이 지남
에 따라 진폭이 감소하네요.
감쇠가 약해서 쇠공이
굉장이 빨리
움직이네요.

세 번째로 iii) 중근일 때의
일반해를 구하면 끝이네요.
이때는 $c^2 = 4mk$니까
$\lambda_{1,2} = -\frac{c}{2m} \pm \frac{1}{2m}\sqrt{c^2 - 4mk}$
α
0
따라서
$\lambda = -\alpha$
공식에 의하면, 중근 λ를
가질 때의 일반해는
$y(x) = (C_1 + C_2 x)e^{\lambda x}$
니까, 이 경우는 $\lambda = -\alpha$니까
일반해는
$y(t) = (C_1 + C_2 t)e^{-\alpha t}$
일반해의 그래프는 대략
$y(t)$
t
i)의 경우와 모양이
비슷한데 $y \to 0$이 되는데
시간이 더 걸리네요.
진동하냐,
안 하냐
안하네요.
감쇠가 적당해서
쇠공이 부드럽게
움직이는데요.
i)의 경우를 과감쇠
ii)의 경우를 부족감쇠
iii)의 경우를
임계감쇠라고
한단다.

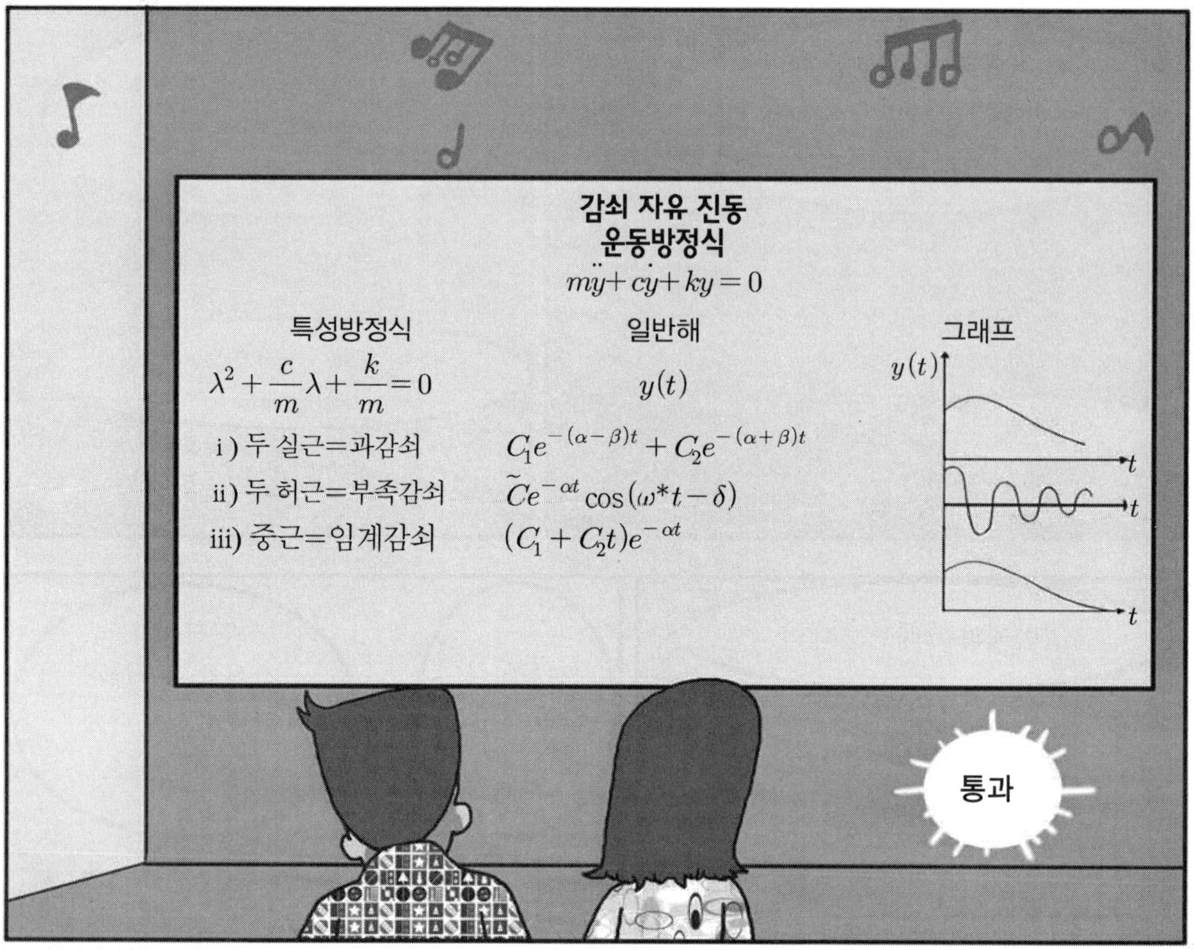
감쇠 자유 진동
운동방정식
$m\ddot{y}+c\dot{y}+ky=0$
특성방정식
$\lambda^2+\frac{c}{m}\lambda+\frac{k}{m}=0$
i) 두 실근=과감쇠
ii) 두 허근=부족감쇠
iii) 중근=임계감쇠
일반해
$y(t)$
$C_1e^{-(\alpha-\beta)t}+C_2e^{-(\alpha+\beta)t}$
$\tilde{C}e^{-\alpha t}\cos(\omega^*t-\delta)$
$(C_1+C_2t)e^{-\alpha t}$
그래프
$y(t)$
t
t
t
통과

그런데, 이들 일반해에 들어있는 상수 C_1, C_2는 어떻게 구하죠?
초기조건으로부터 구하지 일반적으로 2가지의 초기조건 즉, 초기변위와 초기속도가 주어지거든

세상의 일 중에서
가장 이해하기 힘든 것은
그것을 이해할 수 있다는 사실이다.

퀴즈 1

질량 $m = 2.5$ kg의 쇠공이 스프링 상수 10 N/m의 스프링에 매달려 있고, 쇠공 아래에는 감쇠가 연결되어 있다. 초기변위 $y(0) = 0.50$ m이고 초기속도 $\dot{y}(0) = 0$이다. 감쇠기의 감쇠상수 c가 아래와 같을 때 각각에 대하여 쇠공의 진동을 나타내는 일반해를 구하라.

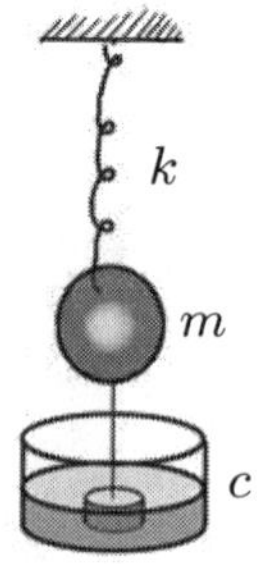

(a) $c = 20$ kg/sec

(b) $c = 10$ kg/sec

(c) $c = 5.0$ kg/sec

답

감쇠자유진동임. 운동방정식은

$$m\ddot{y} + c\dot{y} + ky = 0$$

(a) 운동방정식에 주어진 값들을 대입하면 ($c = 20$ kg/sec)

$$2.5\ddot{y} + 20\dot{y} + 10y = 0$$

양변을 2.5로 나누면

$$\ddot{y} + 8\dot{y} + 4y = 0$$

특성방정식은

$$\lambda^2 + 8\lambda + 4 = 0$$

근 λ는 $\lambda = \dfrac{-8 \pm \sqrt{64-16}}{2} \approx \dfrac{-8 \pm 7}{2} = \begin{cases} -0.5 \\ -7.5 \end{cases}$ (두 실근)

따라서 일반해 $y(t)$는

$$y(t) = C_1 e^{-0.5t} + C_2 e^{-7.5t}$$

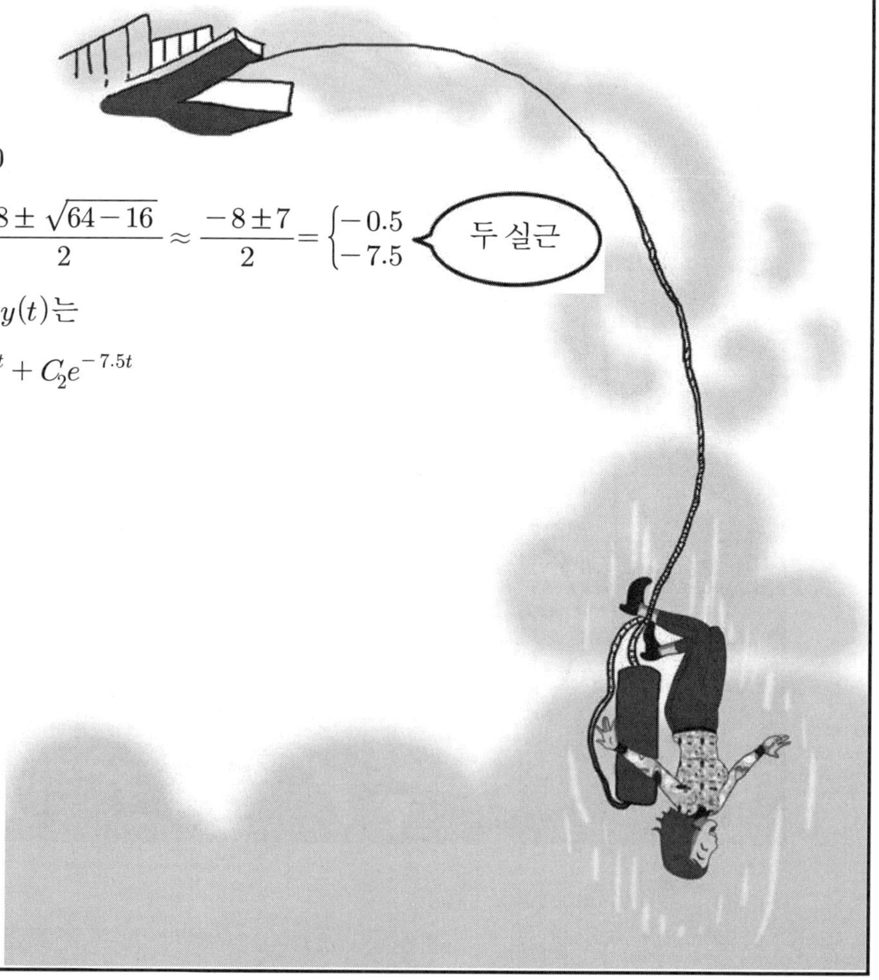

답

이제 초기변위 $y(0)=0.50$ m, 초기속도 $\dot{y}(0)=0$

조건을 이용하여 상수 C_1, C_2를 구하면

$y(0)=C_1e^{-0.5(0)}+C_2e^{-7.5(0)}=C_1+C_2=0.5$

초기속도 조건을 사용하기 위해서 $y(t)$를 미분하면

$\dot{y}(t)=-0.5C_1e^{-0.5t}-7.5C_2e^{-7.5t}$

$\dot{y}(0)=-0.5C_1e^{-0.5(0)}-7.5C_2e^{-7.5(0)}$

$=-0.5C_1-7.5C_2=0$

위에서 $C_2=0.5-C_1$이므로 대입

$-0.5C_1-7.5(0.5-C_1)=0$

$-0.5C_1+7.5C_1=7.5\times0.5$

$C_1\approx0.54,\ C_2=0.5-C_1=0.5-0.54=-0.04$

이것을 앞에서 구한 일반해 $y(t)$에 대입하면

$y(t)=0.54e^{-0.50t}-0.040e^{-7.5t}$ m (과감쇠)

(b) 운동방정식은 ($c=10\ \ kg/\mathrm{sec}$)

$2.5\ddot{y}+10\dot{y}+10y=0$

양변을 2.5로 나누면

$\ddot{y}+4y+4=0$

특성방정식은

$\lambda^2+4\lambda+4=0,\ (\lambda+2)^2=0$

$\lambda=-2$ (중근)

따라서 일반해는

$y(t)=(C_1+C_2t)e^{-2t}$

답

초기조건 적용

$y(0)=(C_1+C_2(0))e^{-2(0)}=C_1=0.5$ 초기변위 조건

$\dot{y}(t)=C_2e^{-2t}-2(C_1+C_2t)e^{-2t}$

$\dot{y}(0)=C_2e^{-2(0)}-2(C_1+C_2(0))e^{-2(0)}$ 초기속도 조건

$=C_2-2C_1=0,\ \ C_2=2C_1=2(0.5)=1.0$

일반해에 대입하면

$y(t)=(0.50+1.0t)e^{-2t}$ m 임계감쇠

(c) 운동방정식은 ($c=5.0\ \ kg/\text{sec}$)

$2.5\ddot{y}+5.0\dot{y}+10y=0$

양변을 2.5로 나누면

$\ddot{y}+2.0\dot{y}+4.0y=0$

특성방정식은

$\lambda^2+2.0\lambda+4.0=0$

근은

$\lambda=\dfrac{-2\pm\sqrt{4-16}}{2}\cong\dfrac{-2\pm3.5i}{2}\cong\begin{cases}-1+1.8i\\-1-1.8i\end{cases}$ 두 허근

따라서 일반해는

$y(t)=e^{-t}(C_1\cos1.8t+C_2\sin1.8t)$

답

초기조건 적용

$$y(0)=e^{-(0)}(C_1\cos1.8(0)+C_2\sin1.8(0))$$

초기변위 조건

$$=C_1=0.5$$

$$y(t)=e^{-t}(C_1\cos1.8t+C_2\sin1.8t)$$

$$\dot{y}(t)=-e^{-t}(C_1\cos1.8t+C_2\sin1.8t)$$

함수의 곱 미분

$$+e^{-t}(-1.8C_1\sin1.8t+1.8C_2\cos1.8t)$$

$$\dot{y}(0)=-e^{-(0)}(C_1\cos1.8(0)+C_2\sin1.8(0))$$

$$+e^{-(0)}(-1.8C_1\sin1.8(0)+1.8C_2\cos1.8(0))$$

$$=-C_1+1.8C_2=0$$

$$C_2=\frac{1}{1.8}C_1=\frac{1}{1.8}(0.5)=0.28$$

구한 C_1, C_2값을 일반해 $y(t)$에 대입하면

$$y(t)=e^{-t}(0.50\cos1.8t+0.28\sin1.8t)\ \mathrm{m}$$

부족감쇠

퀴즈 2 자동차의 속도계는 감쇠자유진동 중에서 임계감쇠상태가 되도록 설계한다. 그 이유는?

답 60 km/hr에서 40 km/hr로 속도를 줄일 경우를 생각해 보자.

과감쇠 임계감쇠 부족감쇠

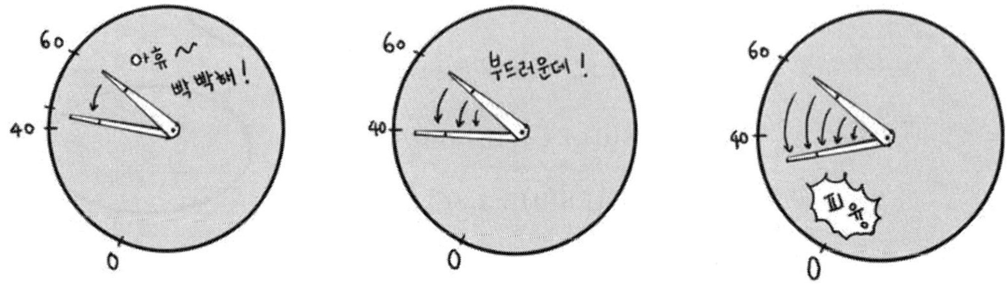

과감쇠	임계감쇠	부족감쇠
바늘이 움직이는데 대한 저항력이 너무 심해서 속도계 바늘이 60에서 40으로 바뀌는데 시간이 너무 걸림.	저항력이 적당하므로 속도계 바늘이 부드럽게 60에서 40으로 바뀜.	저항력이 부족하므로 속도계 바늘이 진동함.

예를 들어, 속도계 속을 물엿 → 식용유 → 공기로 채워 넣었다고 생각해 보면 쉽게 이해할 수 있다.

퀴즈 3 앞절의 고장난 추시계의 추의 운동 퀴즈에서, 공기저항 등에 의한 감쇠력이 $cL\dot{\theta}$ (c는 감쇠상수)로 주어질 때, 이 추의 운동방정식을 θ에 관한 미분방정식으로 나타내라.

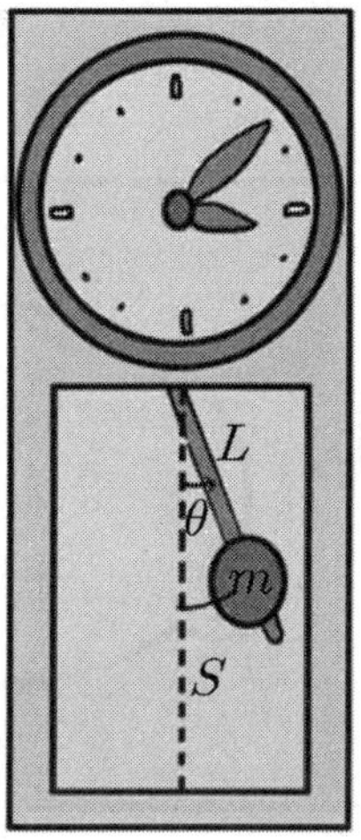

감쇠력 $= -cL\dot{\theta}$

복원력 $= -mg\sin\theta$

답 뉴턴의 제2법칙 $F = ma$에서

F는 작용하는 모든 힘 : $-cL\dot{\theta} - mg\sin\theta$

ma는 : $m\dfrac{d^2S}{dt^2} = m\dfrac{d^2(L\theta)}{dt^2} = mL\dfrac{d^2\theta}{dt^2} = mL\ddot{\theta}$

따라서 $mL\ddot{\theta} = -cL\ddot{\theta} - mg\sin\theta$

그러므로 $\ddot{\theta} + \dfrac{c}{m}\dot{\theta} + \dfrac{g}{L}\sin\theta = 0$

$\sin\theta \approx \theta$이면 $\ddot{\theta} + \dfrac{c}{m}\ddot{\theta} + \dfrac{g}{L}\theta = 0$

우변을 좌변으로 이항하고
양변을 mL로 나누면

상수계수를 갖는 2계 비제차 미분방정식의 응용 I

옳지,
쇠공이 꽤 빨리
진동하는구나.
이런 경우의 진동을 강제진동이라고 한단다.
네가 올렸다, 내렸다 힘을 가해서 쇠공을 강제로
진동시키고 있기 때문이지.
강제진동의 운동
방정식은 어떻게 되겠니?
네가 가한 힘을 $r(t)$
라고 하자.
휴우~
사람잡네.
이 경우
작용하는 힘은
스프링력: $-ky$
감쇠력: $-c\dot{y}$
가한 힘: $r(t)$
이군요.
따라서 운동방정식은
$-ky-c\dot{y}+r(t)=ma=m\ddot{y}$
$m\ddot{y}+c\dot{y}+ky=r(t)$
상수계수를 갖는
2계 비제차
미분방정식
이잖아.

외력 $r(t)$가,
밑으로 잡아 당기기만 하는 힘이거나,
위로 올리기만 하는 힘이라면
쇠공이 진동하지 않으므로, 재미가 없으니까
외력을 내렸다 올렸다를 주기적으로 반복하는 힘
$F_0\cos\omega t$라고 가정하고
$m\ddot{y}+c\dot{y}+ky=F_0\cos\omega t$
를 풀어봐라.
비제차 미분방정식의 일반해 $y(t)$는
$y(t)=y_h(t)+y_p(t)$
제차 미분 방정식의 일반해
비제차 미분 방정식의 특반해
그런데 $y_h(t)$, 즉
$m\ddot{y}+c\dot{y}+ky=0$
의 일반해는 감쇠자유진동에서 구해서 이미 알고 있으니까 $y_p(t)$만 구하면 되겠네요.
$y_p(t)$는 보통 미정계수법으로 구하는데
$r(t)=F_0\cos\omega t$
니까, 수학관 3층에서 본 표로부터
$y_p(t)=a\cos\omega t+b\sin\omega t$
라고 가정해보죠.

그 다음엔 y_p를
$m\ddot{y}+c\dot{y}+ky=F_0\cos\omega t$
에 대입해서, 미정계수
a, b를 구하면 되는거죠.
대입하기 위해서 $\dot{y}_p$, $\ddot{y}_p$를 구하면
$y_p=a\cos\omega t+b\sin\omega t$
$\dot{y}_p=-\omega a\sin\omega t+\omega b\cos\omega t$
$\ddot{y}_p=-\omega^2 a\cos\omega t-\omega^2 b\sin\omega t$
대입하면
$m(-\omega^2 a\cos\omega t-\omega^2 b\sin b\omega t)+c(-\omega a\sin\omega t+\omega b\cos\omega t)+k(a\cos\omega t+b\sin\omega t)=F_0\cos\omega t$
정리하면
$\{(k-m\omega^2)a+\omega cb\}\cos\omega t+\{-\omega ca+(k-m\omega^2)b\}\sin\omega t=F_0\cos\omega t$
이식이 항상 성립하려면
$(k-m\omega^2)a+\omega cb=F_0$,
$-\omega ca+(k-m\omega^2)b=0$
미정계수 a, b에 대한 연립방정식이니까,
a, b를 구하면
$a=F_0\dfrac{k-m\omega^2}{(k-m\omega^2)^2+\omega^2c^2}$
$b=F_0\dfrac{\omega c}{(k-m\omega^2)^2+\omega^2c^2}$

조화진동에서와 같이
$\sqrt{k/m}=\omega_0$
라고 놓으면
$a=F_0\frac{m(\omega_0^2-\omega^2)}{m^2(\omega_0^2-\omega^2)^2+\omega^2c^2}$
$b=F_0\frac{\omega c}{m^2(\omega_0^2-\omega^2)^2+\omega^2c^2}$
이것들을 $y_p(t)$의 a, b에 대입하면
$y_p(t)=F_0\frac{m(\omega_0^2-\omega^2)}{m^2(\omega_0^2-\omega^2)^2+\omega^2c^2}\cos\omega t+F_0\frac{\omega c}{m^2(\omega_0^2-\omega^2)^2+\omega^2c^2}\sin\omega t$
따라서 일반해는
$y(t)=y_h(t)+F_0\frac{m(\omega_0^2-\omega^2)}{m^2(\omega_0^2-\omega^2)^2+\omega^2c^2}\cos\omega t+F_0\frac{\omega c}{m^2(\omega_0^2-\omega^2)^2+\omega^2c^2}\sin\omega t$
가 되는군요.
비감쇠 강제 진동
매우 잘했다. 이 일반해에 대해 감쇠가 없는 경우와 감쇠가 있는 경우로 나눠서 음미해 보자.

우선 감쇠가 없는 경우에 대해서 생각해보자.
비감쇠 강제 진동
감쇠기를 잘라버려라.
벌써 잘랐습니다.
비감쇠 강제진동의 운동방정식은 어떻게 되겠니?
감쇠상수 $c=0$니까 $m\ddot{y}+ky=F_0\cos\omega t$ 죠
일반해는
$y(t)=y_h(t)+y_p(t)$인데, $y_h(t)$는 비감쇠 자유진동 $m\ddot{y}+ky=0$의 일반해인 조화진동 $y_h(t)=C\cos(\omega_0 t-\delta)$이고
$y_p(t)$는 앞에서 구한 $y_p(t)$에 감쇠상수 $c=0$를 대입하면
$y_p(t)=F_0\dfrac{1}{m^2(\omega_0^2-\omega^2)}\cos\omega t$

따라서, 비감쇠 강제진동의 일반해는
$$y(t)=C\cos(\omega_0 t-\delta)+\frac{F_0}{m(\omega_0^2-\omega^2)}\cos\omega t$$
가 되네요.
여기서, ω_0와 ω는 뭐냐?
ω_0는 비감쇠 자유진동의 각진동수, 즉 **고유각진동수**이고, ω는 **외력(입력)각진동수**죠.
그러니까, 비감쇠 강제진동의 일반해는, 진동수가 다른 두 조화진동을 합성한 것이 된단다. 비감쇠 강제진동의 일반해에는 2개의 상수, 즉 C와 δ(위상각)이 포함되어 있는데, 이것들을 초기 조건을 이용해서 구해보자. 예를 들어, 초기 변위(진폭)이 영이고, 초기속도가 영일 때 이들 상수는 뭐가 되겠니?
초기조건은 $y(0)=0$ $\dot{y}(0)=0$ 군요.

일반해는 $y(t)=C\cos(\omega_0 t-\delta)+\frac{F_0}{m(\omega_0^2-\omega^2)}\cos\omega t$인데, 초기변위 조건 $y(0)=0$을 적용하기 위해서 일반해에 $t=0$을 대입하면
$y(0)=C\cos\delta+\frac{F_0}{m(\omega_0^2-\omega^2)}=0$
초기속도 조건 $\dot{y}(0)=0$를 적용하면
$\dot{y}(t)=-C\omega_0\sin(\omega_0 t-\delta)-\frac{\omega F_0}{m(\omega_0^2-\omega^2)}\sin\omega t$
$\dot{y}(0)=C\omega_0\sin\delta=0 \rightarrow \delta=0$
이것을 위의 $y(t)$ 식에 대입하면
$C=-\frac{F_0}{m(\omega_0^2-\omega^2)}$
가 되네요.
그러므로, 초기조건을 만족하는 특수해는
$y(t)=\frac{F_0}{m(\omega_0^2-\omega^2)}(\cos\omega t-\cos\omega_0 t)$
$=\frac{2F_0}{m(\omega_0^2-\omega^2)}\sin\left(\frac{\omega_0-\omega}{2}t\right)\sin\left(\frac{\omega_0+\omega}{2}t\right)$
가 되는군요.
삼각함수 공식
$\cos A-\cos B=-2\sin\frac{A+B}{2}\sin\frac{A-B}{2}$
$=-2\sin\frac{B-A}{2}\sin\frac{A+B}{2}$
를 사용했어요.
만약에, 입력 각진동수 ω가 스프링과 쇠공으로 된 계의 고유진동수 ω_0와 비슷하다면, 이 특수해의 그래프는 어떻게 되겠니?
쉬고 싶다.
왜
피곤하니까.

$\omega \approx \omega_0$니까, $\omega_0 - \omega$가 굉장히 작겠네요, 그러면, $\sin \frac{\omega_0 - \omega}{2}$의 주기가 굉장히 크니까,
$y(t)$
$\sin \frac{\omega_0 - \omega}{2} t$
t
$-\sin \frac{\omega_0 - \omega}{2} t$
즉, 주기가 큰 $\pm \sin \frac{\omega_0 - \omega}{2} t$로 둘러싸여진 속에 상대적으로 주기가 작은 $\pm \sin \frac{\omega_0 + \omega}{2} t$의 성질을 가진 놈이 들어가 있는 형태가 되겠군요.
이런 진동을 비트라고 한단다.
실험을 해 볼까! 진동기의 눈금을 ω_0에 가깝게 맞춰놓고 쇠공이 어떻게 진동하나 관찰해 보자.
진동기
ω_0
와옹 와-옹
진동기로 진폭이 일정하게 작은 일정한 진동수로 쇠공을 진동 시키는데도 소공은 와옹 와~옹 크게 진동하지!
신기하네

요번에는, 입력 각진동수 ω가 고유 각진동수 ω_0와 같으면 어떻게 되겠니?
앞에서 구한 $y_p(t)$는 분모에 $\omega_0^2-\omega^2$이 있으니까 $\omega_0 \neq \omega$이라고 가정하고 구한 거라서 써먹을 수 없네요.
새로 구해야 되겠네.
$m\ddot{y}+ky=F_0\cos\omega t$
로 돌아가서
$\omega=\omega_0=\sqrt{k/m}$
를 대입하면
$m\ddot{y}+ky=F_0\cos\omega_0 t$
$\ddot{y}+\frac{k}{m}y=\frac{F_0}{m}\cos\omega_0 t$
$\ddot{y}+\omega_0^2 y=\frac{F_0}{m}\cos\omega_0 t$
가 되니까 이 방정식을 풀면 되네요.
$y_h(t)$는 변함없이 $y_h(t)=C\cos(\omega_0 t-\delta)$가 될테니까,
$y_p(t)$만 구하면 되죠.
미정계수법을 이용하고, 수정법칙을 써서
$y_p(t)=t(a\cos\omega_0 t+b\sin\omega_0 t)$라고 가정해 보죠.

미정계수 a, b를 구하면 되니까, 대입하기 위해서 $\ddot{y}$를 구하면

$$y_p = t(a\cos\omega_0 t + b\sin\omega_0 t)$$

$$\dot{y}_p = a\cos\omega_0 t + b\sin\omega_0 t + t(-\omega_0 a\sin\omega_0 t + \omega_0 b\cos\omega_0 t)$$

$$\begin{aligned}\ddot{y}_p &= -\omega_0 a\sin\omega_0 t + \omega_0 b\cos\omega_0 t - \omega_0 a\sin\omega_0 t + \omega_0 b\cos\omega_0 t \\ &\quad + t(-\omega_0^2 a\cos\omega_0 t - \omega_0^2 b\sin\omega_0 t) \\ &= -2\omega_0 a\sin\omega_0 t + 2\omega_0 b\cos\omega_0 t \\ &\quad + t(-\omega_0^2 a\cos\omega_0 t - \omega_0^2 b\sin\omega_0 t)\end{aligned}$$

대입하면

$$\begin{aligned}&-2\omega_0 a\sin\omega_0 t + 2\omega_0 b\cos\omega_0 t + t(-\omega_0^2 a\cos\omega_0 t - \omega_0^2 b\sin\omega_0 t) \\ &+ \omega_0^2\{t(a\cos\omega_0 t + b\sin\omega_0 t)\} = \frac{F_0}{m}\cos\omega_0 t\end{aligned}$$

따라서

$$-2\omega_0 a = 0$$

$$2\omega_0 b = \frac{F_0}{m}$$

그러므로

$$a = 0,\ b = \frac{F_0}{2m\omega_0}$$

따라서

$$y_p(t) = \frac{F_0}{2m\omega_0} t\sin\omega_0 t$$

$y_p(t)$의 그래프는
$y_p(t)$
t
$-t$
t
$t \to \infty$에서 $y_p(t) \to \infty$가 되네요.
일반해는 뭐가 되냐?
$y(t) = y_h(t) + y_p(t)$ 니까, $= C\cos(\omega_0 t - \delta) + \frac{F_0}{2m\omega_0} t \sin \omega_0 t$ 죠, 뭐
$t \to \infty$일 때 $y(t) \to$?냐
$t \to \infty$일 때, $y_p(t) \to \infty$니까 $y(t)$도 ∞가 되겠죠.

이것도 실험을 해 보자. 진동기의 진동수를 ω_0에 맞추면
진동기는 쇠공을 일정한 작은 진폭으로 일정한 진동수 ω_0로 진동시키는 거죠.
이런 현상을 공진 또는 공명이라고 한단다.
툭
와! 시간이 지남에 따라서, 쇠공의 진폭이 점점 커지네요.
공진이 일어나면, 역학계가 에너지를 계속 흡수하게 되니까, 결국에는 파괴되어 버리지.

비감쇠 강제 진동
운동방정식

$$m\ddot{y}+ky=F_0\cos\omega t$$

$$y(t)=C\cos(\omega_0 t-\delta)+\frac{F_0}{m(\omega_0^2-\omega^2)}\cos\omega t$$

i) 일반해 $(\omega\neq\omega_0)$

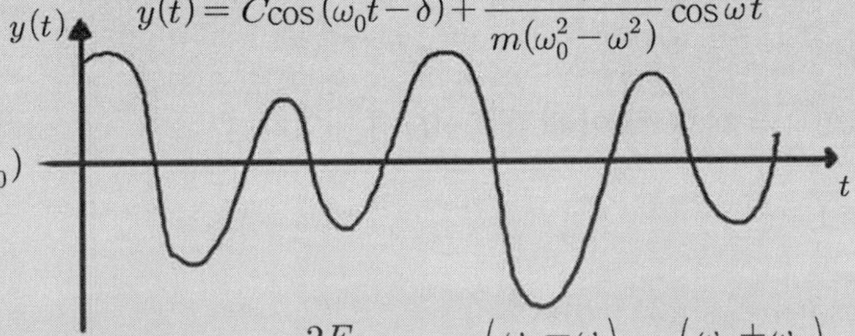

$$y(t)=\frac{2F_0}{m(\omega_0^2-\omega^2)}\sin\left(\frac{\omega_0-\omega}{2}\right)\sin\left(\frac{\omega_0+\omega}{2}t\right)$$

ii) 비트 $(\omega\approx\omega_0)$

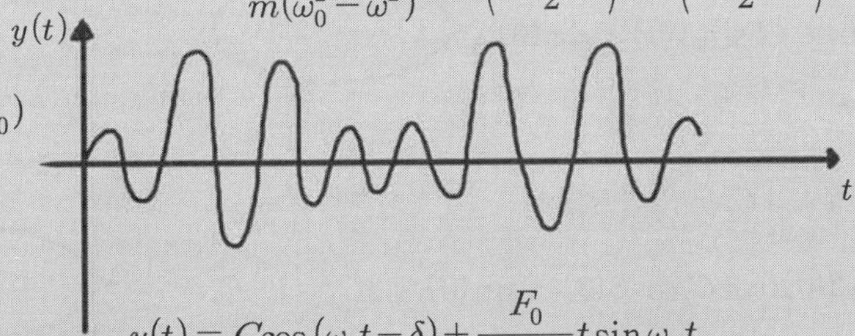

$$y(t)=C\cos(\omega_0 t-\delta)+\frac{F_0}{2m\omega_0}t\sin\omega_0 t$$

iii) 공진 $(\omega=\omega_0)$

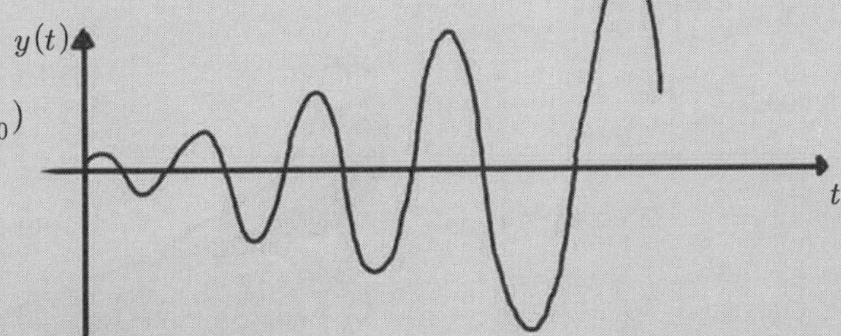

퀴즈 1 미분방정식 $\ddot{y}+9y=8\cos t$로 주어지는 진동계의 초기변위와 초기속도가 $y(0)=1,\ \dot{y}(0)=1$일 때, 이 진동계의 운동을 나타내는 식을 구하라.

답 감쇠항 ($\dot{y}$항)이 없으므로 비감쇠, 우변이 영이 아니므로 (비제차) 강제 진동임.
비감쇠 강제진동의 운동을 나타내는 일반해는

$$y(t)=C\cos(\omega_0 t-\delta)+\frac{F_0}{m(\omega_0^2-\omega^2)}\cos\omega t$$

$$=C_1\cos\omega_0 t+C_2\sin\omega_0 t+\frac{F_0}{m(\omega_0^2-\omega^2)}\cos\omega t$$

이 일반해는 운동방정식이

$m\ddot{y}+ky=F_0\cos\omega t$일 때 이므로 주어진

미분방정식과 비교해 보면

$m=1,\ k=9,\ F_0=8,\ \omega=1$

또 $\omega_0=\sqrt{k/m}=\sqrt{9/1}=3$이므로 이 값들을 $y(t)$에 대입하면

우선 $\dfrac{F_0}{m(\omega_0^2-\omega^2)}=1$

따라서 $y(t)=C_1\cos 3t+C_2\sin 3t+\cos t$

초기조건 적용

$$y(0)=C_1\cos 3(0)+C_2\sin 3(0)+\cos(0)$$ (초기변위)

$$C_1+1=1,\ C_1=0$$

$$\dot{y}(t)=-3C_1\sin 3t+3C_2\cos 3t-\sin t$$

$$\dot{y}(0)=-3C_1\sin 3(0)+3C_2\cos 3(0)-\sin(0)=3C_2=1,\ C_2=\frac{1}{3}$$ (초기속도)

구한 $C_1,\ C_2$값을 $y(t)$에 대입하면

$$y(t)=\frac{1}{3}\sin 3t+\cos t$$

감쇠 강제 진동
이번에는 감쇠가 있는 경우죠?
감쇠기를 다시 달아라.
네, 달았습니다.
감쇠 강제 진동의 운동 방정식은 뭐였지?
$m\ddot{y}+c\dot{y}+ky = F_0\cos\omega t$였죠.
일반해는 뭐냐?
앞에서 벌써 구했잖아요! $y(t)=y_h(t)+y_p(t)$인데, $y_h(t)$는 감쇠 자유진동에서 구했고,
$y_p(t)$는
$y_p(t)=a\cos\omega t+b\sin\omega t$
$\left(a=F_0\dfrac{m(\omega_0^2-\omega^2)}{m^2(\omega_0^2-\omega^2)^2+\omega^2c^2}\right)$
$\left(b=F_0\dfrac{\omega c}{m^2(\omega_0^2-\omega^2)^2+\omega^2c^2}\right)$
였었죠.

$y_h(t)$가 뭐였었지?
i) $c^2 > 4mk$일 때
$y_h(t) = C_1 e^{-(\alpha-\beta)t} + C_2 e^{-(\alpha+\beta)t}$
ii) $c^2 < 4mk$일 때
$y_h(t) = Ce^{-\alpha t}\cos(\omega^* t - \delta)$
iii) $c^2 = 4mk$일 때
$y_h(t) = (C_1 + C_2 t)e^{-\alpha t}$ 였었잖아요!
$y_h(t)$
t
t
너무 호호…
난 똑똑해
$t \to \infty$일 때
$y_h(t) \to$?냐
모두 $y_h(t) \to 0$
네요. 신기하네요!
신기하긴 뭐가 신기하냐, 당연하지. 자유진동이란 외부에서 힘을 계속 가하지 않는 거니까, 감쇠가 있으면 결국 쇠공이 서버리는 거지.
아하! 그렇군요.
그러면, 감쇠강제진동은 $t \to \infty$에서 뭐가 되겠니?
$y_h(t) \to 0$니까, 결국, $y_p(t)$에 수렴하겠네요. 그러니까, $t \to \infty$에서, 쇠공은 입력각진동수 ω로 진동하게 되는군요.

그렇지 감쇠 강제진동의 일반해는, 시간에 따라 변하는
과도항 $y_h(t)$를 포함하므로 과도해라고 한단다.
한편, $t \to \infty$에서 $y(t) \to y_p(t)$이므로, $y_p(t)$를 정상상태해
라고 부르지.

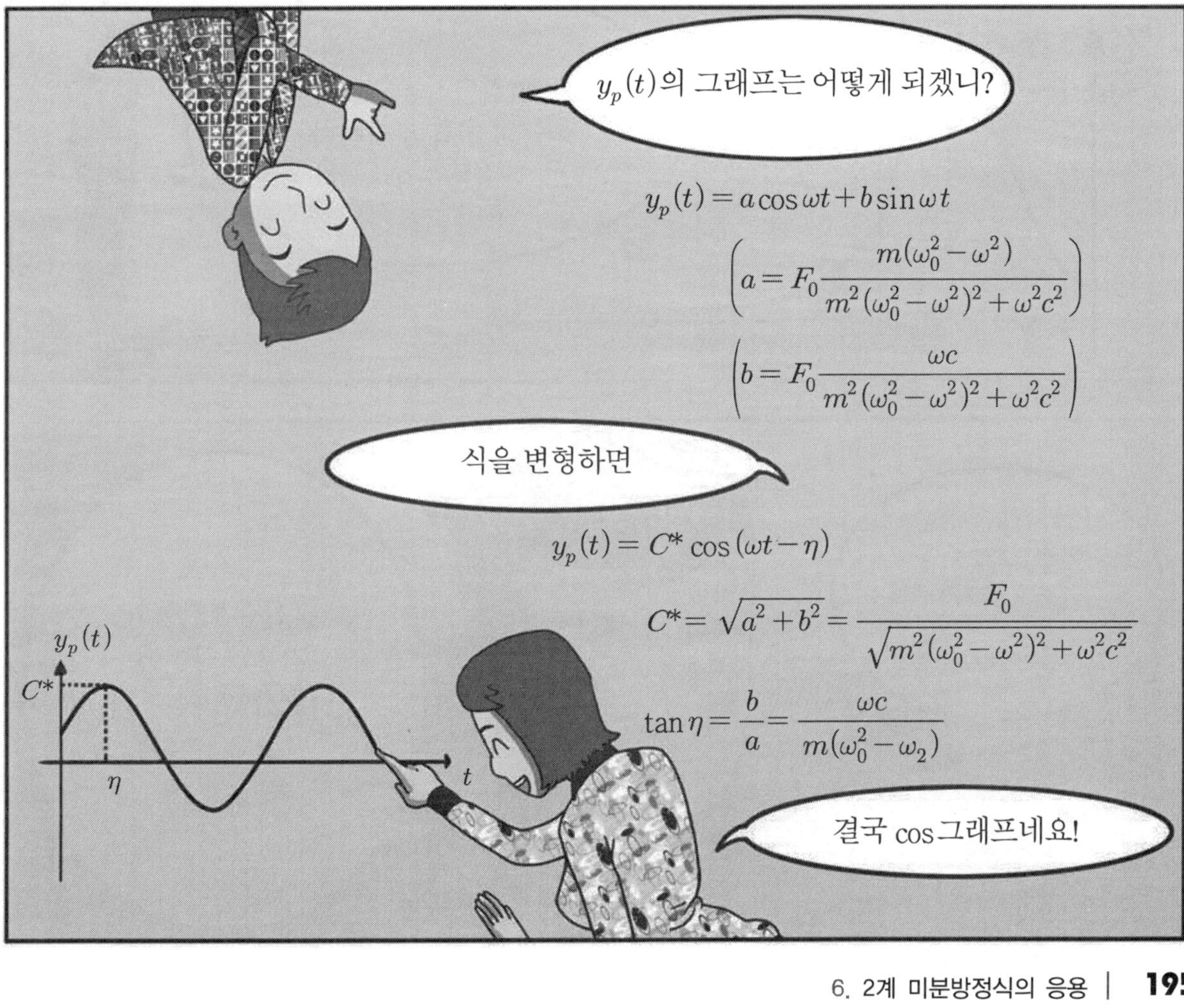
$y_p(t)$의 그래프는 어떻게 되겠니?
$y_p(t) = a\cos\omega t + b\sin\omega t$
$\left(a = F_0 \dfrac{m(\omega_0^2 - \omega^2)}{m^2(\omega_0^2 - \omega^2)^2 + \omega^2 c^2}\right)$
$\left(b = F_0 \dfrac{\omega c}{m^2(\omega_0^2 - \omega^2)^2 + \omega^2 c^2}\right)$
식을 변형하면
$y_p(t) = C^* \cos(\omega t - \eta)$
$C^* = \sqrt{a^2 + b^2} = \dfrac{F_0}{\sqrt{m^2(\omega_0^2 - \omega^2)^2 + \omega^2 c^2}}$
$\tan\eta = \dfrac{b}{a} = \dfrac{\omega c}{m(\omega_0^2 - \omega_2)}$
$y_p(t)$
C^*
η
t
결국 cos그래프네요!

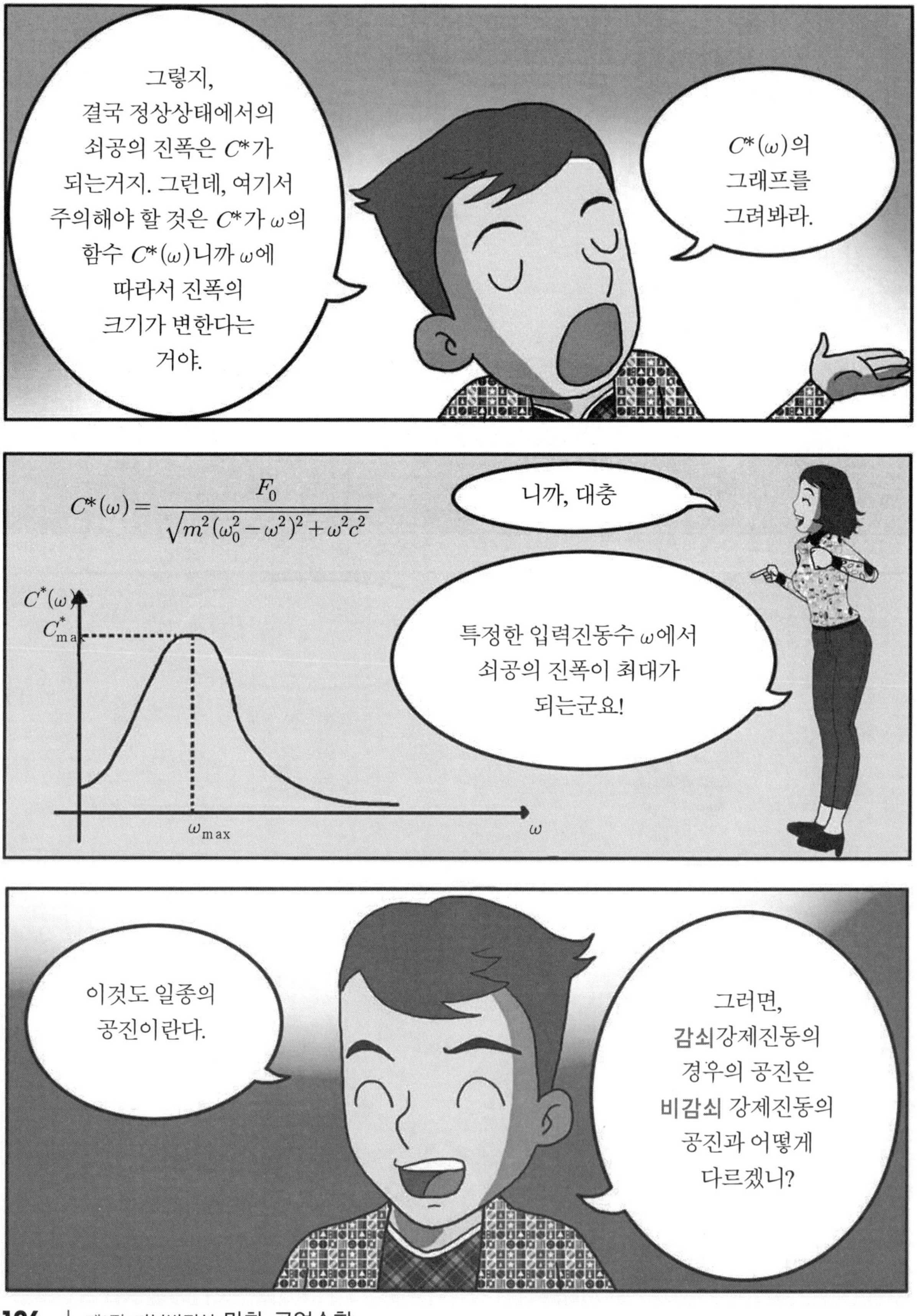
그렇지, 결국 정상상태에서의 쇠공의 진폭은 C^*가 되는거지. 그런데, 여기서 주의해야 할 것은 C^*가 ω의 함수 $C^*(\omega)$니까 ω에 따라서 진폭의 크기가 변한다는 거야.
$C^*(\omega)$의 그래프를 그려봐라.
$C^*(\omega) = \frac{F_0}{\sqrt{m^2(\omega_0^2 - \omega^2)^2 + \omega^2 c^2}}$
$C^*(\omega)$
C^*_{max}
ω_{max}
ω
니까, 대충
특정한 입력진동수 ω에서 쇠공의 진폭이 최대가 되는군요!
이것도 일종의 공진이란다.
그러면, 감쇠강제진동의 경우의 공진은 비감쇠 강제진동의 공진과 어떻게 다르겠니?

비감쇠 강제진동의 공진은 시간이 지남에 따라, 진폭이 점점 커져서, 무한대가 되는데 반해서, 감쇠 강제진동의 공진은, 시간이 지나면, 처음에는 진폭이 증가하지만, 공진시의 진폭이 유한하다는 것이 차이점이죠.
그래프로 나타내봐라.

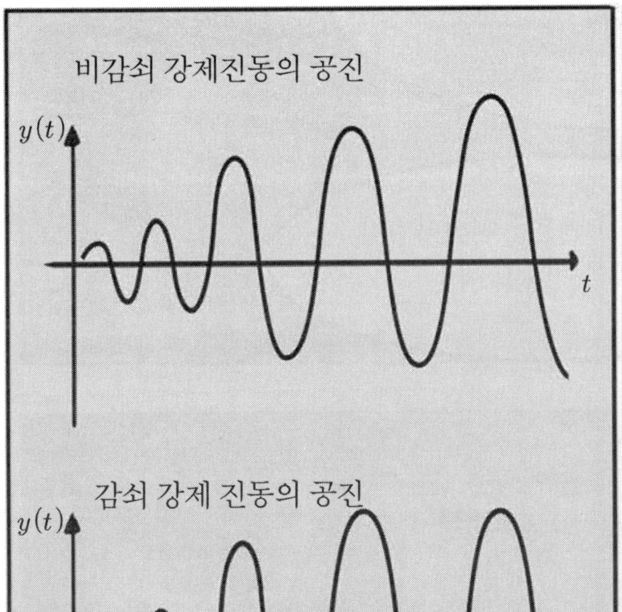
비감쇠 강제진동의 공진
$y(t)$
t
감쇠 강제 진동의 공진
$y(t)$
t

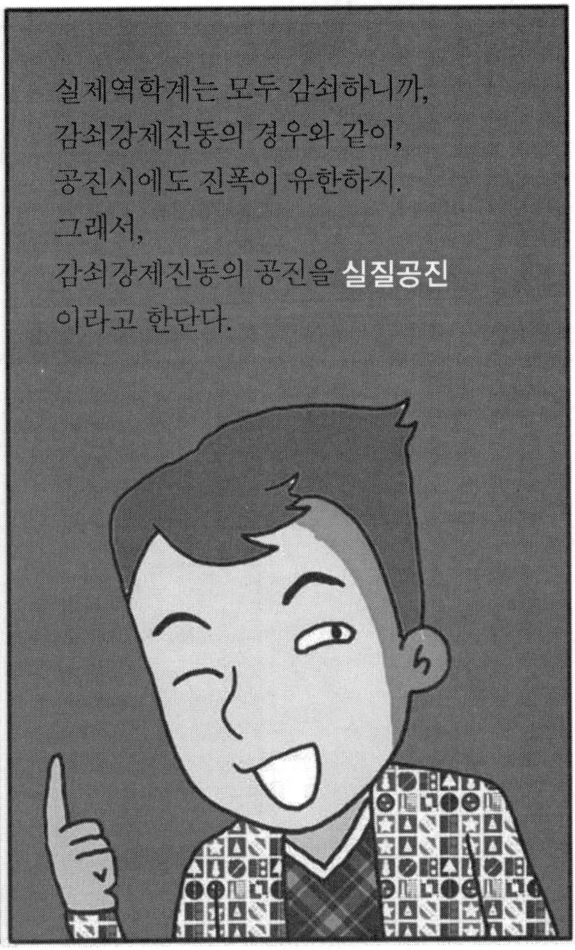
실제역학계는 모두 감쇠하니까, 감쇠강제진동의 경우와 같이, 공진시에도 진폭이 유한하지. 그래서, 감쇠강제진동의 공진을 실질공진 이라고 한단다.

실질공진의 경우에는 진폭이 무한대가 되지않고, 유한한 이유를 설명할 수 있겠니?
그거야, 외부에서 가한 에너지를 감쇠기가 어느 정도 잡아먹으니까, 진폭이 무한대가 되지않는 거겠죠.
또한
실질공진이 일어나는 입력진동수는 역학계의 고유진동수와 같지 않단다. 왜 그럴까?
감쇠기가 반응을 지연시키기 때문이겠죠, 뭐.
실질공진을 이용하면 **증폭**시킬 수 있지.
쇠공을 작은폭으로 흔들어도, 흔드는 진동수가 공진을 일으키는 진동수에 가까우면, 쇠공이 큰 폭으로 흔들리게 되는데, 이 현상을 **증폭**이라고 한단다.
즉 쇠공이 흔들리는 진폭 $C^*(\omega)$와 쇠공을 흔드는 입력진폭 F_0의 비를 증폭이라고 한단다.

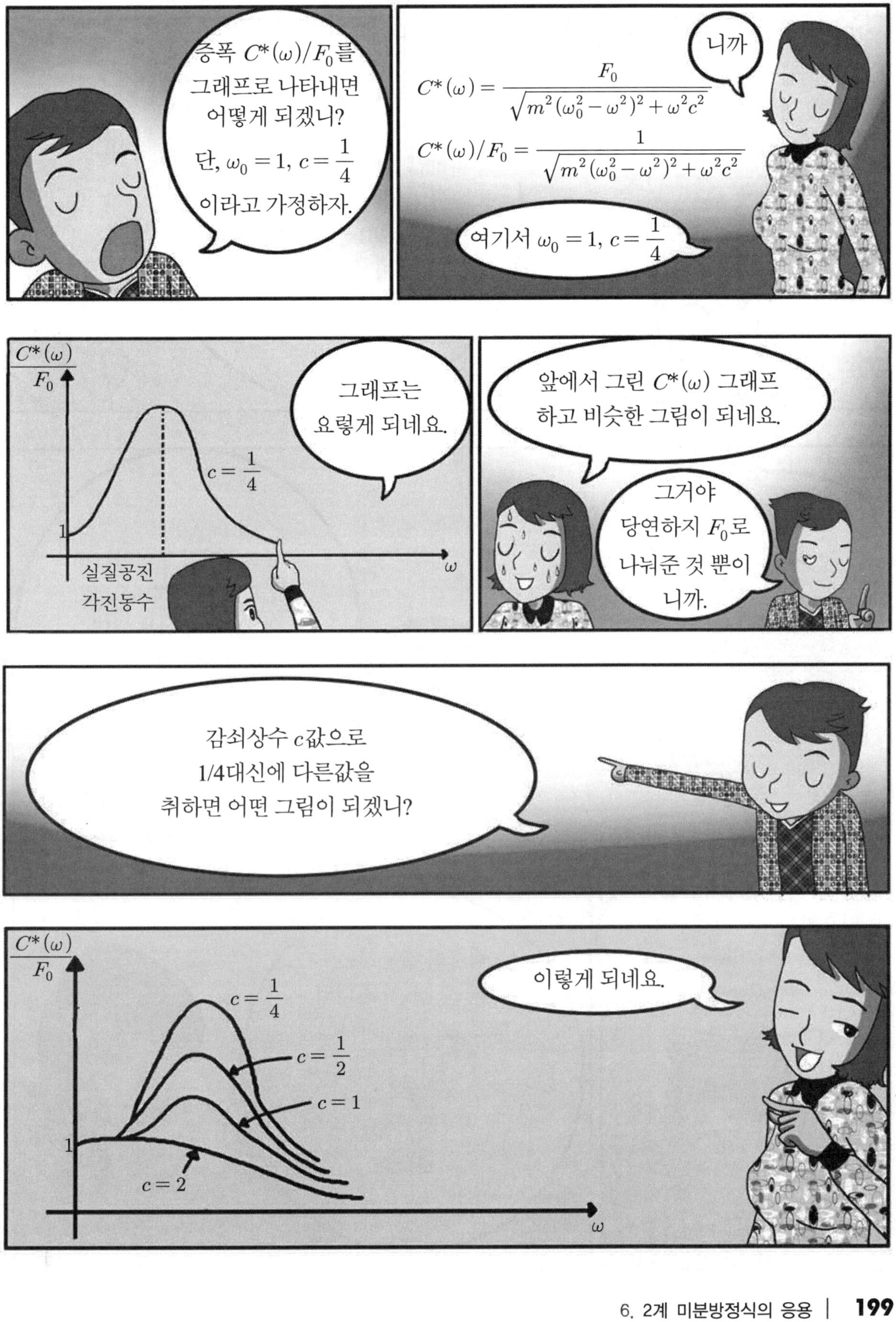
증폭 $C^*(\omega)/F_0$를 그래프로 나타내면 어떻게 되겠니? 단, $\omega_0=1,\ c=\frac{1}{4}$ 이라고 가정하자.
$C^*(\omega)=\frac{F_0}{\sqrt{m^2(\omega_0^2-\omega^2)^2+\omega^2c^2}}$
니까
$C^*(\omega)/F_0=\frac{1}{\sqrt{m^2(\omega_0^2-\omega^2)^2+\omega^2c^2}}$
여기서 $\omega_0=1,\ c=\frac{1}{4}$
$\frac{C^*(\omega)}{F_0}$
$c=\frac{1}{4}$
1
실질공진 각진동수
ω
그래프는 요렇게 되네요.
앞에서 그린 $C^*(\omega)$ 그래프 하고 비슷한 그림이 되네요.
그거야 당연하지 F_0로 나눠준 것 뿐이니까.
감쇠상수 c값으로 1/4대신에 다른값을 취하면 어떤 그림이 되겠니?
$\frac{C^*(\omega)}{F_0}$
$c=\frac{1}{4}$
$c=\frac{1}{2}$
$c=1$
1
$c=2$
ω
이렇게 되네요.

감쇠상수 c가 커지면 어떤 변화가 생기나?
증폭되는 정도가 작아지네요. 따라서, 실질공진시의 진폭도 작아지는군요. 생각해보면, 감쇠가 커지니까 진폭이 작아지는 건 당연하군요.
그것 뿐이냐?
실질공진이 일어나는 진동수도 작아지네요, 또, 감쇠상수가 너무 크면 실질공진이 일어나지 않는군요.
이쯤에서 실질공진을 일으키는 입력진동수와, 그때의 진폭을 계산해볼까?
쇠공이 흔들리는 진폭 $C^*(\omega)$가 최대일 때를 실질공진이라고 하니까, 이때의 입력진동수 ω와 진폭을 구하면 되겠네요.

최대일 때의 기울기는 영이니까, 결국 $dC^*(\omega)/d\omega=0$를 만족하는 ω를 구하면 되는군요.
$C^*(\omega)=\dfrac{F_0}{\sqrt{m^2(\omega_0^2-\omega^2)+\omega^2c^2}}$
니까
$\dfrac{dC^*(\omega)}{d\omega}=F_0\left(-\dfrac{1}{2}\right)\left\{m^2(\omega_0^2-\omega^2)^2+\omega^2c^2\right\}^{-\frac{3}{2}}\left\{-4m^2\omega(\omega_0^2-\omega^2)+2\omega c^2\right\}=($
$\vee$
0
따라서
$-4m^2\omega(\omega_0^2-\omega^2)+2\omega c^2=0$
이어야 하네요.
그러므로
$\omega^2=\dfrac{2m^2\omega_0^2-c^2}{2m^2}$
실질진동수는
$\omega_{\max}=\sqrt{\dfrac{2m^2\omega_0^2-c^2}{2m^2}}$
이때의 진폭은 $\omega_{\max}$를 $C^*(\omega)$에 대입하면 되니까
$C^*(\omega_{\max})=\dfrac{2mF_0}{c\sqrt{4m^2\omega_0^2-c^2}}$
가 되네요.

감쇠 강제 진동

운동방정식

$$m\ddot{y}+c\dot{y}+ky=F_0\cos\omega t$$

일반해 $y(t)=y_h(t)+y_p(t)$

과도항 정상상태해

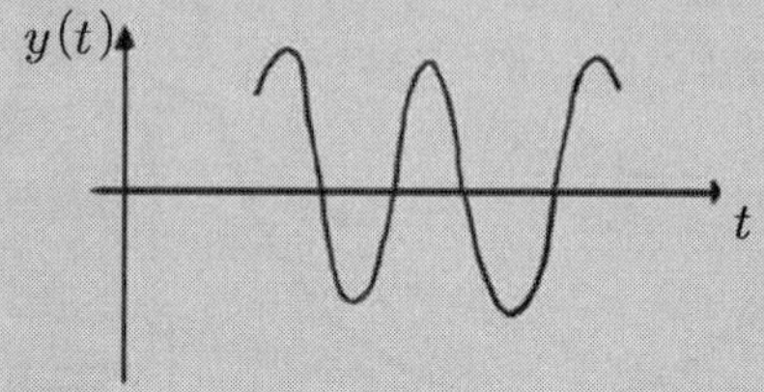

$$y_p(t)=C^*\cos(\omega t-\eta)$$

$$C^*=\sqrt{a^2+b^2}=\frac{F_0}{\sqrt{m^2(\omega_0^2-\omega^2)^2+\omega^2c^2}}$$

$$\tan\eta=\frac{b}{a}=\frac{\omega c}{m(\omega_0^2-\omega_2)}$$

실질공진

$$\left(\omega_{\max}=\sqrt{\frac{2m^2\omega_0^2-c^2}{2m^2}}\right)\quad C^*(\omega)=\frac{2mF_0}{c\sqrt{4m^2\omega_0^2-c^2}}$$

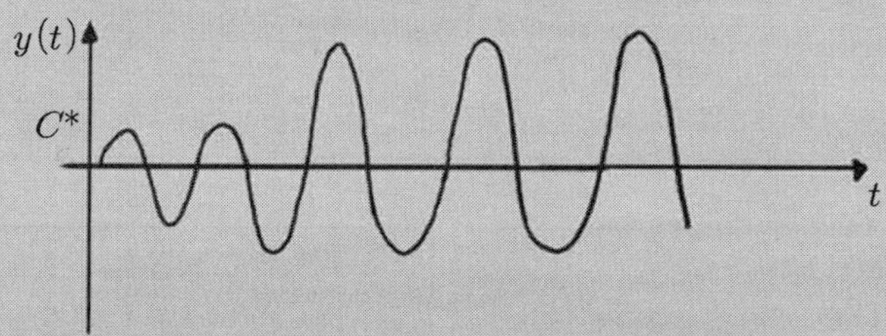

실질 공진 실험실
꼭 읽어주세요.
역학관의 마지막 방이다.
임산부와 어린이의 출입을 삼가 주십시오.
-대전에 있는 과학관장백-
지진발생기의 바늘을, 이 건물의 실질 공진 진동수 ω_{max}에 맞춰보자.
ω_{max}
우와~
지진이닷
건물이 진폭이 점점 커지네요.
와, 건물이 무너진다.

봤지!
진폭이 약한 지진이 오더라도 그 진동 수가 건물의 실질 공진 진동수와 같으면, 건물이 견디다 못해 파괴되고 말지.
건물뿐만 아니라, 다리, 배, 비행기 등도 공진에 의해서 파괴될 수 있단다. 따라서, 이러한 역학계들은 공진이 잘 일어나지 않도록 공진 방지설계를 한단다.
통과
드디어 마지막 코스 전기관으로 가자꾸나.

퀴즈 1 미분방정식 $\ddot{y}+3\dot{y}+2y=\cos t$로 지배되는 진동계의 (a) 과도항, (b) 정상상태의 해를 구하라.

답 이 진동계는 감쇠 ($3\dot{y}$항) 강제 ($\cos t$항) 진동계임.

수학적으로는 상수계수를 갖는 2계 비제차 미분방정식으로 일반해 $y(t)$는

$$y(t)=y_h(t)+y_p(t)$$

y_h : 제차 미분방정식의 일반해 = 과도항

y_p : 비제차 미분방정식의 특수해 = 정상상태해

(a) 과도항 y_h는 우변이 영일때의 일반해이므로

$\ddot{y}+3\dot{y}+2y=0$, 특성방정식은 $\lambda^2+3\lambda+2=0$

$(\lambda+1)(x+2)=0,\ \lambda=-1,\ -2$ (두실근)

따라서 $y_h=C_1e^{-t}+C_2e^{-2t}$

답

(b) 정상상태의 해 $y_p(t)$는 본문에서 구한 것을 사용하면

$$y_p(t) = a\cos\omega t + b\sin\omega t$$

$$\left(a = F_0 \frac{m(\omega_0^2 - \omega^2)}{m^2(\omega_0^2 - \omega^2) + \omega^2 c^2}\right)$$

$$\left(b = F_0 \frac{\omega c}{m^2(\omega_0^2 - \omega^2) + \omega^2 c^2}\right)$$

이해는 운동방정식이

$m\ddot{y} + c\dot{y} + ky = F_0\cos\omega t$일 때이므로

주어진 식 $\ddot{y} + 3\dot{y} + 2y = \cos t$와 비교하면

$$m = 1,\ c = 3,\ k = 2,\ F_0 = 1,\ \omega = 1$$

또, $\omega_0 = \sqrt{k/m} = \sqrt{2}$ 이 값들을 위의 a, b에 대입하면

$$a = 1 \cdot \frac{1 \cdot ((\sqrt{2})^2 - 1^2)}{1^2((\sqrt{2})^2 - 1^2) + 1^2 3^2} = \frac{1}{10}$$

$$b = 1 \cdot \frac{1 \cdot 3}{1^2((\sqrt{2})^2 - 1^2) + 1^2 3^2} = \frac{3}{10}$$

$y_p(t)$에 대입하면

$$y_p(t) = \frac{1}{10}\cos t + \frac{3}{10}\sin t$$

이것이 $t \to \infty$일 때의 해

참고로 이것에 과도항까지 더한 일반해는

$$y(t) = c_1 e^{-t} + c_2 e^{-2t} + \frac{1}{10}\cos t + \frac{3}{10}\sin t$$

퀴즈 2 지진계의 감도를 최대로 높이기 위해서 고려해야할 점은?

답

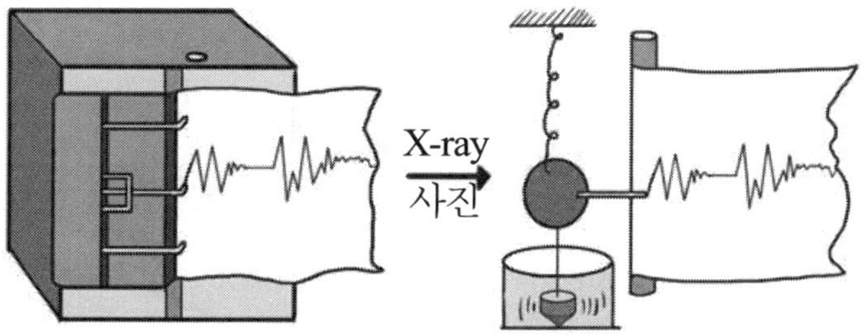

지진계는 운동방정식이 $m\ddot{y}+c\dot{y}+ky=F_0\cos\omega t$인

감쇠강제진동 모형으로 단순화할 수 있다.

이때 ω는 지진이 지진계를 진동시키는 진동수이다. (입력(외력) 각진동 수)

그런데,

$$\omega=\sqrt{\frac{2m^2\omega_0^2-c^2}{2m^2}}=\sqrt{\frac{k}{m}-\frac{c^2}{2m^2}}\quad\left(\because\ \omega_0=\sqrt{\frac{k}{m}}\right)$$

일 때, 실질공진이 일어나서 지진계의 진동(진폭)이 최대(감도가 최대)가 된다.

따라서, 지진의 진동수를 여러번 측정하여 평균값을 구하고, 지진계를 설계할 때 m, k, c값을 적절하게 설정하여, 지진계의

$$\sqrt{\frac{k}{m}-\frac{c^2}{2m^2}}$$

값이 지진의 평균적인 진동수와 같게 설계하면 된다.

퀴즈 3 지금까지는 진동하는 물체에 대한 공진에 대해서 생각해 왔으나, 회전하는 물체에서도 공진이 일어난다. 그 예를 2가지만 들어라.

답 ① 팽이

② MRI(Magnetic Resonance Imaging, 자기공명 이미지)

병원에서 뇌의 단층사진을 촬영하여 뇌의 질병을 판단할 때 사용된다. 원리는 뇌를 구성하는 특정한 물질의 원자내의 핵의 스핀운동과 실질공진(=공명)이 일어나도록 외부에서 교류자장을 가해주면, 이 물질이 있는 곳에서는 에너지가 흡수되므로, 뇌에 이물질이 어떻게 분포되어 있는가를 알 수 있다. 정상적인 뇌와 예를들어 종양이 있는 뇌는 이 물질의 분포가 다르므로 종양이 생긴 것을 알 수 있다.

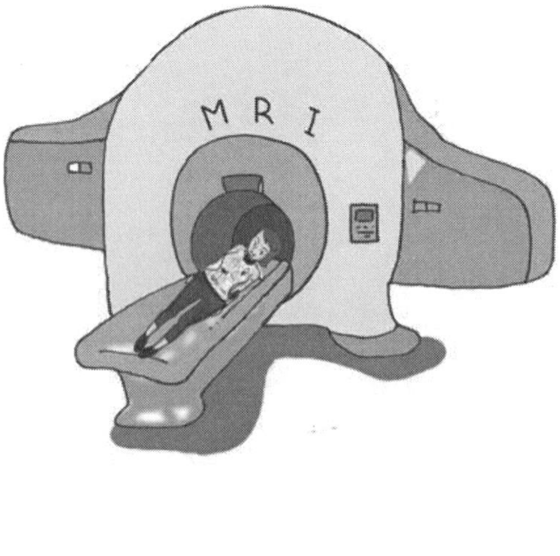

상수 계수를 갖는 2계 비제차 미분방정식의 응용II

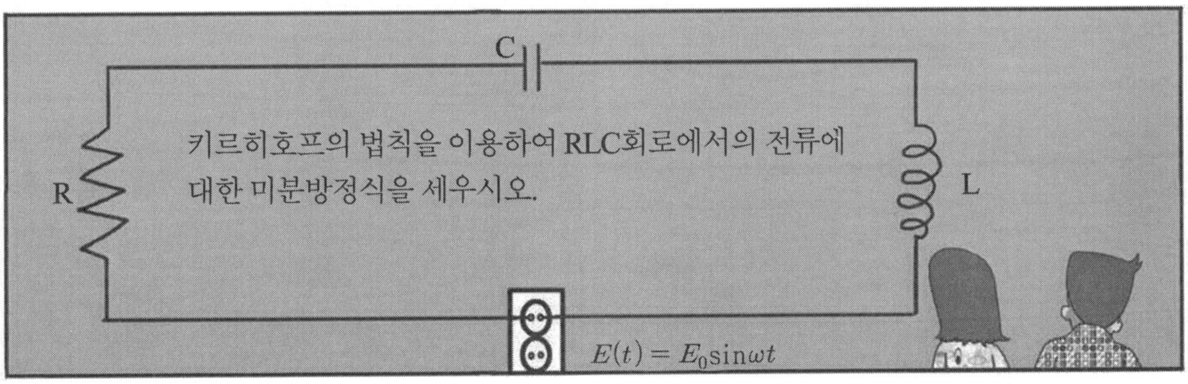

키르히호프의 법칙이 뭐였죠?
폐회로에서, 전원에 의해서 가해진 전압은 전압강하의 합과 같다 였지.
그러면, 전류에 대한 방정식은
$L\dot{I}+RI+\frac{1}{C}\int Idt=E_0\sin\omega t$
적분을 없애기 위해서, 양변을 미분하면
$L\ddot{I}+R\dot{I}+\frac{1}{C}I=E_0\omega\cos\omega t$
가 되네요.
상수 계수를 갖는 2계 비제차 미분방정식이네.
깜짝 놀랄일 아니냐?
뭐가요?
역학계에 대한 식 $m\ddot{y}+c\dot{y}+ky$ $=F_0\cos\omega t$ 와 똑같은 꼴이잖아!

이걸 뭐라고 한다고 했지?
수학의 위대함!
전혀 다른 현상인데도 수학적으로 표현하면 통일된 같은 식이 된다.
실제로 역학계의 실험을 전기회로를 이용해서 할 수 있단다.
이렇게하면, 구조물을 만드는 번거로움이나, 측정의 부정확성 때문에 골머리를 앓을 필요가 없게 되지.
왜냐하면, 전기회로는 간단하게 만들 수 있고, 측정도 용이하기 때문이지.

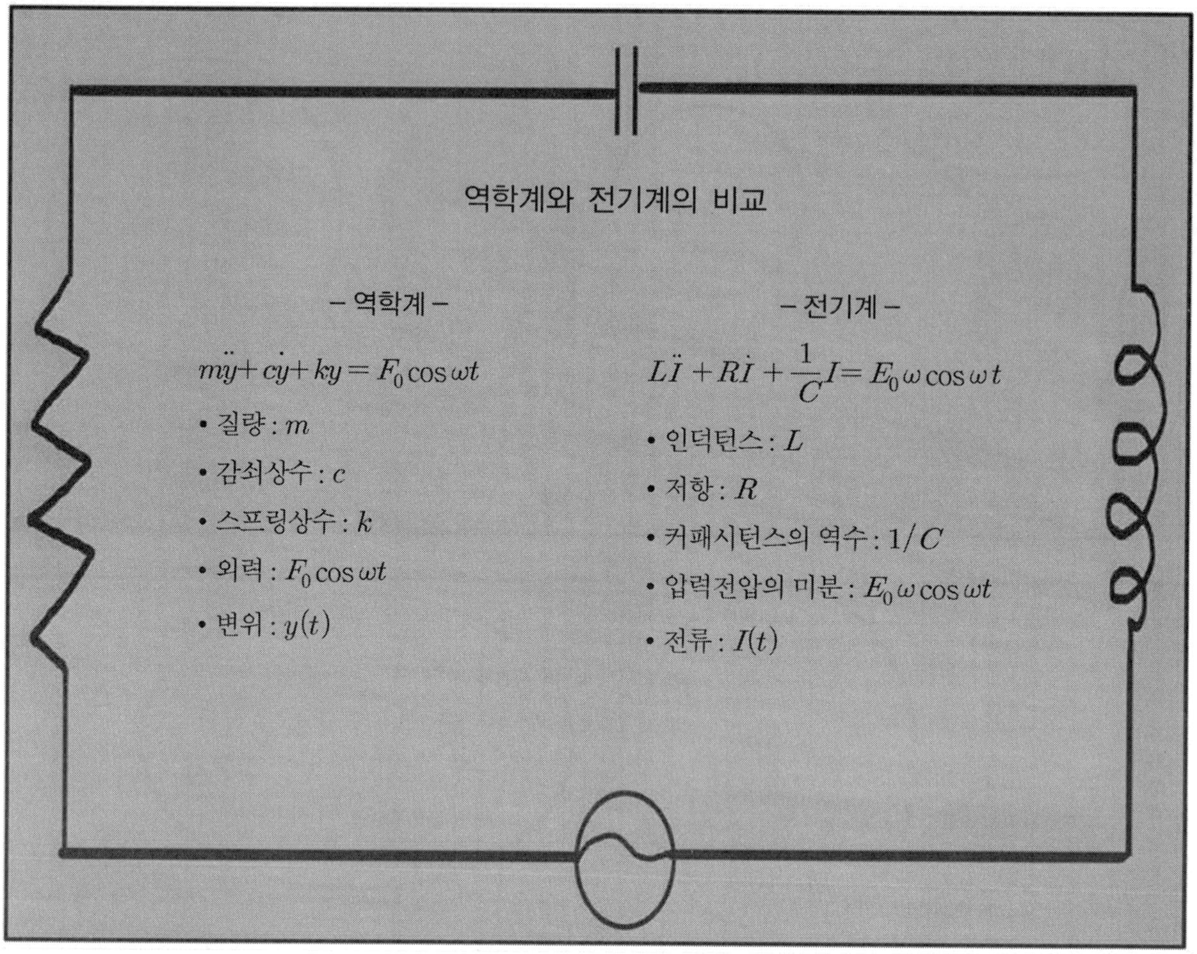
역학계와 전기계의 비교
– 역학계 –
$m\ddot{y} + c\dot{y} + ky = F_0 \cos \omega t$
• 질량 : m
• 감쇠상수 : c
• 스프링상수 : k
• 외력 : $F_0 \cos \omega t$
• 변위 : $y(t)$
– 전기계 –
$L\ddot{I} + R\dot{I} + \frac{1}{C} I = E_0 \omega \cos \omega t$
• 인덕턴스 : L
• 저항 : R
• 커패시턴스의 역수 : $1/C$
• 입력전압의 미분 : $E_0 \omega \cos \omega t$
• 전류 : $I(t)$

RLC회로에 대한 미분방정식을 푸시오.
비제차 미분방정식이니까, 일반해는 $I(t) = I_h(t) + I_p(t)$인데 $I_h(t)$는 시간이 지나면 영이 되는 과도항이니까, 정상상태의 해 $I_p(t)$만 구해보죠.

미정계수법을 이용하기 위해 $I_p(t)=a\cos\omega t+b\sin\omega t$ 라고 가정하고, $\dot{I}_p$, $\ddot{I}_p$를 구해서 I_p와 함께 미분방정식에 대입하여 미정계수 a, b를 구하면 되네요.
계산은 생략하고, 결과만 얘기하면
$a=\dfrac{-E_0S}{R^2+S^2}$
$b=\dfrac{E_0R}{R^2+S^2}$
$\left(S=\omega L-\dfrac{1}{\omega C}\right)$
S를 리액턴스라고 부른단다. 계속해봐라.
따라서
$I_p(t)=\dfrac{-E_0S}{R^2+S^2}\cos\omega t+\dfrac{E_0R}{R^2+S^2}\sin\omega t$
식을 변형하면
$I_p(t)=I_0\sin(\omega t-\theta)$
$I_0=\sqrt{a^2+b^2}=\dfrac{E_0}{\sqrt{R^2+S^2}}=\dfrac{E_0}{\sqrt{R^2+(\omega L-\frac{1}{\omega C})^2}}$
$\tan\theta=-\dfrac{a}{b}=\dfrac{S}{R}=\dfrac{\omega L-\frac{1}{\omega C}}{R}$
가 되네요.

$I_0 = \dfrac{E_0}{\sqrt{R^2 + (\omega L - \dfrac{1}{\omega C})^2}}$ 에서 $\sqrt{R^2 + (\omega L - \dfrac{1}{\omega C})^2}$ 을 임피던스라고 부른단다.
임피던스
킥복싱, 후라이팬 켄터키후라이드치킨과 비슷하군요. 임피던스라는 것은
왜
파편이 많이 튀어요!
임피던스란 전류가 흐르는 것을 방해하는 놈들을 모두모아 놓은거지. 임피던스를 Z라고 하면 $I_0 = \dfrac{E_0}{Z}$ 가 되지
오옴의 법칙 $I = \dfrac{E}{R}$ 와 같은 꼴이네요!
RLC회로에서도 공진이 일어나나요?
그럼 실질공진이 일어나지 특정한 입력교류전압 진동수에서 I_0가 최대가 되지. 따라서, RLC회로를 공진 또는 증폭회로라고 부른단다.
전기계에서는, 역학계와는 달리 공진을 적극적으로 이용한단다.

퀴즈 1 저항 $R=100\ \Omega$, 인덕턴스 $L=0.1\ H$, 커패시턴스 $C=1\ mF$, 전원전압 $E(t)=10\sin 500t$인 RLC회로의 전류 $I(t)$를 구하라. 단, $t=0$ s일 때의 전류 $I(0)=0$ A이고 전하 $Q(0)=0$쿨롱이다.

답 RLC회로에 키르히호프의 법칙을 적용하면

$$L\dot{I}+RI+\frac{1}{C}\int I dt=E_0 \sin\omega t$$

이것은 적분방정식이므로

양변을 미분하여 미분방정식을 만들면

$$L\ddot{I}+R\dot{I}+\frac{1}{C}I=E_0\omega\cos\omega t$$

주어진 값을 대입하면

$$0.1\ddot{I}+100\dot{I}+1000I=5000\cos 500t \cdots (*)$$

비제차 미분방정식이므로 해 $I(t)$는

$$I(t)=I_h(t)+I_p(t)$$

$$\begin{cases} I_h(t): \text{제차 미분방정식의 일반해} \\ I_p(t): \text{비제차 미분방정식의 특수해} \end{cases}$$

i) $I_h(t)$구하기

(4)식의 우변을 영으로 놓으면

$$0.1\ddot{I}+100\dot{I}+1000I=0$$

특성방정식은

$$0.1\lambda^2+100\lambda+1000=0$$

$$\lambda=\frac{-100\pm\sqrt{100^2-4(0.1)(1000)}}{2(0.1)}\cong\frac{-100\pm 98}{0.2}=\begin{cases}-10\\-990\end{cases}$$ 두실근

따라서

$$I_h(t)=c_1 e^{-10t}+c_2 e^{-990t}$$

답

ii) $I_p(t)$ 구하기

미정계수법으로 구하면 되는데 본문에서 구한 것을 사용하면

$$I_p(t)=\frac{-E_0S}{R^2+S^2}\cos\omega t+\frac{E_0R}{R^2+S^2}\sin\omega t$$

$$(S=\omega L-\frac{1}{\omega c})$$

우리의 경우에는

$$\omega=500,\ L=0.1,\ c=10^{-3}F,\ E_0=10,\ R=100$$

따라서

$$S=(500)(0.1)-\frac{1}{(500)(10^{-3})}=48$$ 리액턴스

$$\frac{-E_0S}{R^2+S^2}=\frac{-(10)(48)}{(100)^2+(48)^2}=-0.039$$

$$\frac{E_0S}{R^2+S^2}=\frac{10(100)}{(100)^2+(48)^2}=0.081$$

그러므로

$$I_p(t)=-0.039\cos500t+0.081\sin500t$$

따라서 $I(t)$는

$$I(t)=I_h(t)+I_p(t)$$

$$=C_1e^{-10t}+C_2e^{-990t}-0.039\cos500t+0.081\sin500t$$

답

iii) 초기조건 $I(0)=0$, $Q(0)=0$를 이용하여 C_1, C_2구하기

앞의 식에 $t=0$를 대입하면

$$I(0)=C_1e^{-10(0)}+C_2e^{-990(0)}-0.039\cos500(0)+0.081\sin500(0)$$

$$=C_1+C_2-0.039=0$$

$Q(0)=0$를 사용하기 위하여 RLC 회로에 키르히호프 법칙을 적용한 식을 다시쓰면

$$L\dot{I}+RI+\frac{1}{C}\int Idt=E_0\sin\omega t$$

여기서 $\int Idt=Q$ 대입하면

$$L\dot{I}+RI+\frac{Q}{C}=E_0\sin\omega t$$

$\dot{I}$에 대해 풀면

$$\dot{I}=\frac{1}{L}\left(E_0\sin\omega t-RI-\frac{Q}{C}\right)$$

$\dot{I}$, I, Q는 t의 함수이므로

$$\dot{I}(t)=\frac{1}{L}\left[E_0\sin\omega t-RI(t)-\frac{Q(t)}{C}\right]$$

$t=0$을 대입하면

$$\dot{I}(0)=\frac{1}{L}\left[E_0\sin\omega(0)-RI(0)-\frac{Q(0)}{C}\right]=0$$

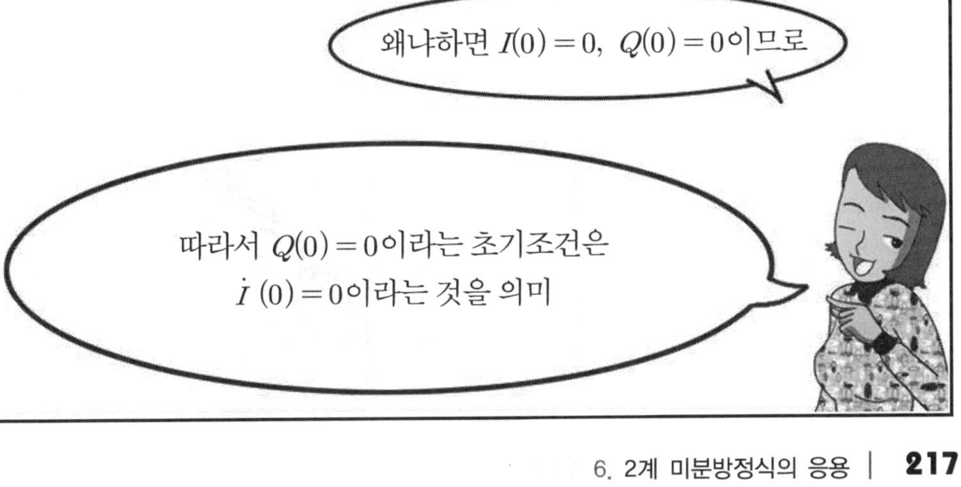

답

$\dot{I}(0)=0$ 조건을 적용하기 위하여

앞에서 구한

$I(t) = C_1 e^{-10t} + C_2 e^{-990t} - 0.039\cos 500t + 0.081\sin 500t$

를 시간으로 미분

$\dot{I}(t) = -10C_1 e^{-10t} - 990C_2 e^{-990t} + (500)(0.039)\sin 500t + (500)(0.081)\cos 500t$

$t=0$ 대입

$\dot{I}(0) = -10C_1 e^{-10(0)} - 990C_2 e^{-990(0)} + (500)(0.039)\sin 500(0) + (500)(0.081)\cos 500(0)$

$\quad = -10C_1 - 990C_2 + (500)(0.081) = 0$

앞에서 구한 $C_1 + C_2 - 0.039 = 0$로부터

$C_2 = -C_1 + 0.039$ 대입

$-10C_1 - 990(-C_1 + 0.039) + 40.5 = 0$

$980C_1 = -40.5 + 0.039 \approx -40.5$

$C_1 = -0.041$

$C_2 = -C_1 + 0.039 = -(-0.041) + 0.039 = 0.080$

이것을 $I(t)$에 대입하면

$I(t) = -0.041e^{-10t} + 0.080e^{-990t} - 0.039\cos 500t + 0.081\sin 500t$ A

퀴즈 2 어떤 방송을 듣기 위해서 라디오 채널을 맞춘다는 것은 결국 무엇을 하는 것인가?

답 라디오를 RLC회로라고 생각할 수 있으므로, 튜닝을 한다는 것은 커패시턴스 C를 변화시켜서, 정상상태의 전류의 전폭을 최대(실질공진)로 만드는 것이다.

이 때의 커패시턴스 C를 구해 보자.

실질공진은 정상상태의 전류

$$I_p(t) = I_0 \sin(\omega t - \theta) \text{의}$$

진폭 I_0가 최대일 때 일어난다.

그런데,

$$I_0(\omega) = \frac{E_0}{\sqrt{R^2 + (\omega L - \frac{1}{\omega C})^2}} \text{ 이므로,}$$

실질공진은 $\dfrac{dI_0(\omega)}{d\omega} = 0$일 때 일어난다.

$$\frac{dI_0(\omega)}{d\omega} = E_0\left(-\frac{1}{2}\right)\left[R^2 + \left(\omega L - \frac{1}{\omega C}\right)^2\right]^{-\frac{3}{2}} 2\left(\omega L^2 - \frac{1}{\omega^3 C^2}\right) = 0$$

따라서, $\omega L^2 = \dfrac{1}{\omega^3 C^2}$, $C = \dfrac{1}{\omega^3 L}$ 로 맞추면

튜닝이 된다.

연립 미분방정식의 응용

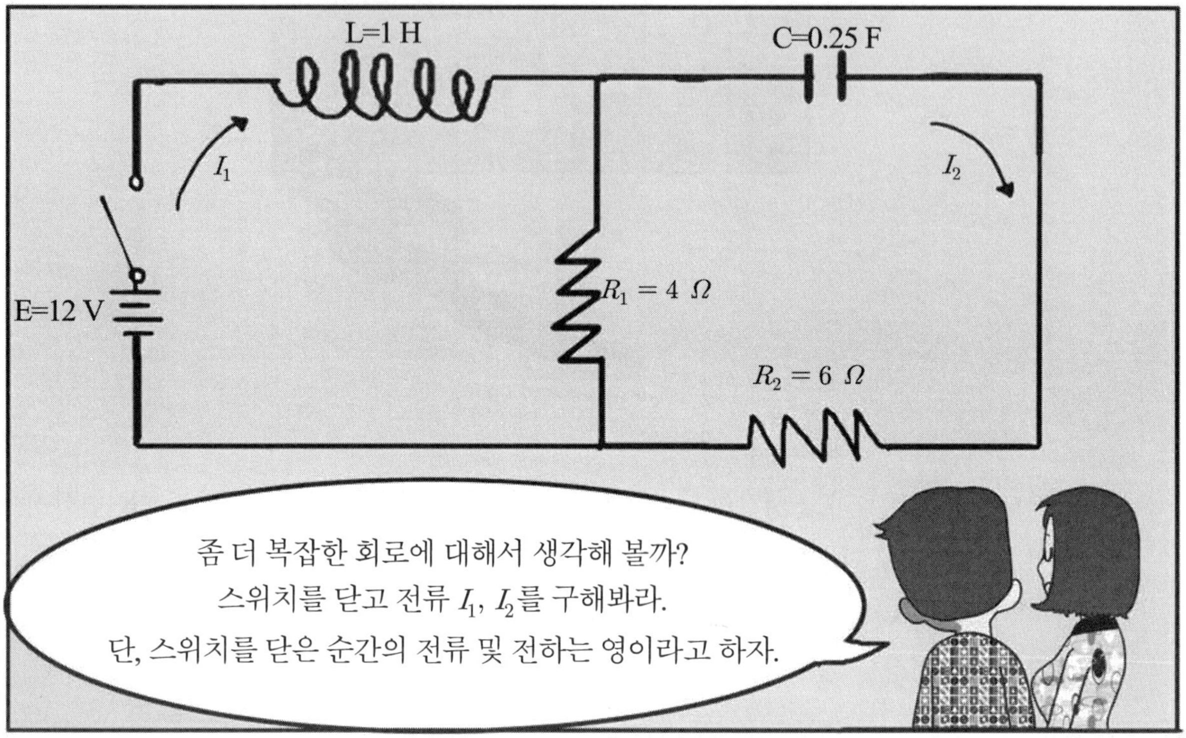

L=1 H
C=0.25 F
I_1
I_2
E=12 V
$R_1 = 4\ \Omega$
$R_2 = 6\ \Omega$
좀 더 복잡한 회로에 대해서 생각해 볼까?
스위치를 닫고 전류 I_1, I_2를 구해봐라.
단, 스위치를 닫은 순간의 전류 및 전하는 영이라고 하자.

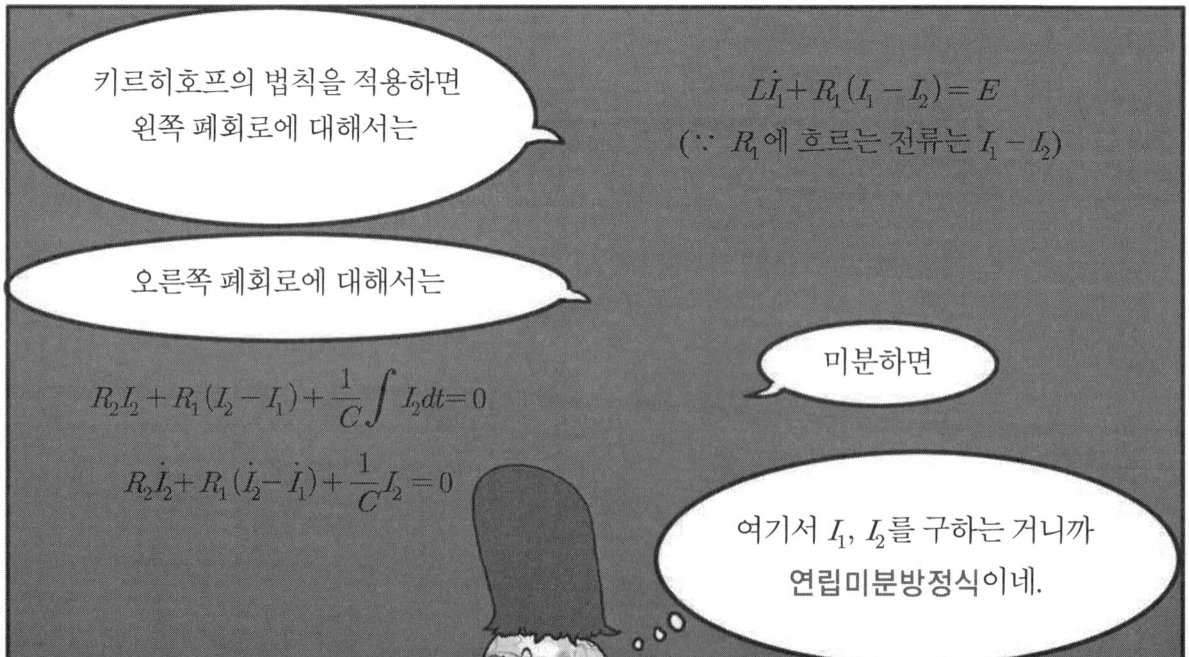

키르히호프의 법칙을 적용하면 왼쪽 폐회로에 대해서는
$L\dot{I}_1 + R_1(I_1 - I_2) = E$
($\because$ R_1에 흐르는 전류는 $I_1 - I_2$)
오른쪽 폐회로에 대해서는
$R_2 I_2 + R_1(I_2 - I_1) + \frac{1}{C}\int I_2 dt = 0$
미분하면
$R_2 \dot{I}_2 + R_1(\dot{I}_2 - \dot{I}_1) + \frac{1}{C} I_2 = 0$
여기서 I_1, I_2를 구하는 거니까 연립미분방정식이네.

주어진 값들을 대입해서 정리하면
$\dot{I}_1 + 4I_1 - 4I_2 = 12$ (1)
$-4\dot{I}_1 + 10\dot{I}_2 + 4I_2 = 0$ (2)
계속해봐.
I_2를 소거하기 위해서 (1)식을 변형하면
$I_2 = \frac{1}{4}\dot{I}_1 + I_1 - 3$
미분하면
$\dot{I}_2 = \frac{1}{4}\ddot{I}_1 + \dot{I}_1$
이것들을 (2)에 대입하면
$-4\dot{I}_1 + 10(\frac{1}{4}\ddot{I}_1 + \dot{I}_1) + 4(\frac{1}{4}\dot{I}_1 + I_1 - 3) = 0$
상수계수를 갖는 2계 비제차 미분방정식 이잖아.
정리하면
$\ddot{I}_1 + \frac{14}{5}\dot{I}_1 + \frac{8}{5}I_1 = \frac{24}{5}$
일반해는
……
$I_1(t) = I_{1h} + I_{1p}$
일테니까

1) 우선 I_{1h}를 구해보죠.
I_{1h}는 제차 방정식
$\ddot{I}_1+\frac{14}{5}\dot{I}_1+\frac{8}{5}I_1=0$
의 일반해니까, 특성방정식은
$\lambda^2+\frac{14}{5}\lambda+\frac{8}{5}=0$
따라서
$\lambda_{1,2}=\frac{-\frac{14}{5}\pm\sqrt{(\frac{14}{5})^2-\frac{32}{5}}}{2}=\begin{cases}-0.8\\-2\end{cases}$
그러므로
$I_{1h}=C_1e^{-2t}+C_2e^{-0.8t}$
2) 다음으로 I_{1p}를 구하죠.
주어진 비제차방정식의 우변이
24/5니까, 미정계수법을 써서,
이 비제차방정식의 특수해인
I_{1p}를
$I_{1p}=k$
라고 가정하죠,
미정계수 k를 구하기 위해서
$\dot{I}_{1p}=\ddot{I}_{1p}=0,\ I_{1p}=k$
를 주어진 식에 대입하면
$\ddot{I}_1+\frac{14}{5}\dot{I}_1+\frac{8}{5}I_1=\frac{24}{5}$
$\frac{8}{5}k=\frac{24}{5}$
$k=3$
따라서
$I_{1p}=3$
그러므로, 일반해는
$I_1(t)=C_1e^{-2t}+C_2e^{-0.8t}+3$
이네요.
많이 늘었구나.
I_2도 구해야지.

$I_2 = \frac{1}{4}\dot{I_1} + I_1 - 3$
이니까
앞에서 구한
$I_1 = C_1 e^{-2t} + C_2 e^{-0.8t} + 3$
$\dot{I_1} = -2C_1 e^{-2t} - 0.8C_2 e^{-0.8t}$
를 대입하면
$I_2 = \frac{1}{4}(-2C_1 e^{-2t} - 0.8C_2 e^{-0.8t}) + (C_1 e^{-2t} + C_2 e^{-0.8t} + 3) - 3 = \frac{1}{2}C_1 e^{-2t} + \frac{4}{5}C_2 e^{-0.8t}$
가 되는군요.
초기조건도 생각해야지.
통과
$I_1(0) = 0,\ I_2(0) = 0$
니까
$I_1(0) = C_1 + C_2 + 3 = 0$, $I_2(0) = \frac{1}{2}C_1 + \frac{4}{5}C_2 = 0$ $\rightarrow C_1 = -8,\ C_2 = 5$
따라서, 초기조건을 만족하는 특수해는
$I_1 = -8e^{-2t} + 5e^{-0.8t} + 3$
$I_2 = -4e^{-2t} + 4e^{-0.8t}$
네요.
$t \rightarrow \infty$에서
$I_1 \rightarrow 3(A)$
$I_2 \rightarrow 0(A)$
가 되네.

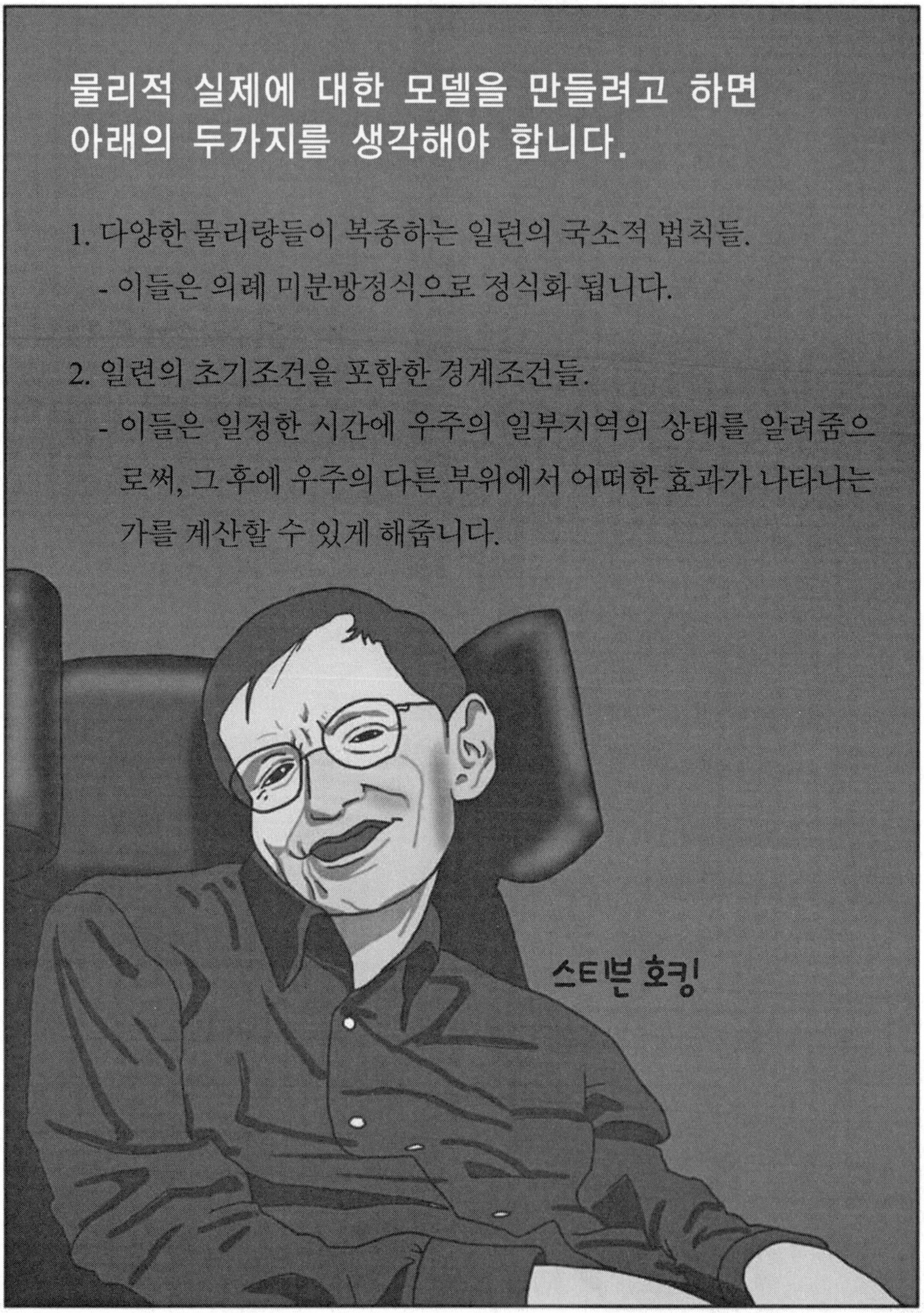
물리적 실제에 대한 모델을 만들려고 하면
아래의 두가지를 생각해야 합니다.
1. 다양한 물리량들이 복종하는 일련의 국소적 법칙들.
- 이들은 의례 미분방정식으로 정식화 됩니다.
2. 일련의 초기조건을 포함한 경계조건들.
- 이들은 일정한 시간에 우주의 일부지역의 상태를 알려줌으로써, 그 후에 우주의 다른 부위에서 어떠한 효과가 나타나는가를 계산할 수 있게 해줍니다.
스티븐 호킹

퀴즈 1 그림과 같이 2개의 용수철과 2개의 쇠공으로 된 역하계의 운동 방정식을 구하라.

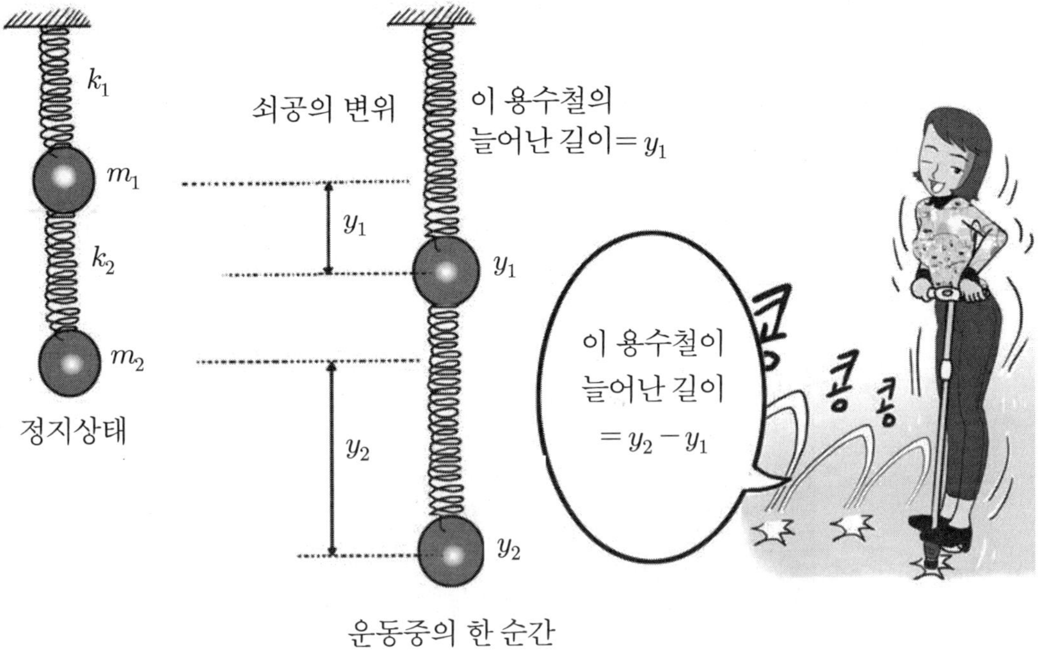

답 뉴턴의 제2법칙을 적용하기 위해서 두 쇠공에 작용하는 힘을 계산

쇠공 1에 작용하는 힘

용수철 1이 위로 잡아당기는 힘 : $-k_1y_1$

용수철 2가 아래로 잡아당기는 힘 : $k_2(y_2-y_1)$

그러므로, 쇠공 1의 운동방정식은

$$m_1\ddot{y}_1=-k_1y_1+k_2(y_2-y_1)$$

쇠공 2에 작용하는 힘

용수철 2가 위로 잡아당기는 힘 : $-k_2(y_2-y_1)$

그러므로, 쇠공 2의 운동방정식은

$$m_2\ddot{y}_2=-k_2(y_2-y_1)$$

연립 미분방정식이 된다.

퀴즈 2 그림과 같이 2개의 탱크가 파이프로 연결되어 있다.

탱크 1에는 처음에 20 l의 물이 있었고, 그 속에 150 g의 설탕이 녹아 있었다. 탱크 2에는 처음에 10 l의 물이 들어 있었고, 그 중에 설탕 50 g이 녹아 있었다. 두 탱크에 들어 있는 설탕물을 그림에 나타낸 속도로 섞으면서, 순수한 물을 탱크 1에 유입시키고, 탱크 1과 2로부터 설탕물을 배출시켰다.

이 때, 어떤 시각 t에서의 각 탱크 속의 설탕의 량에 대한 미분방정식을 세워라.

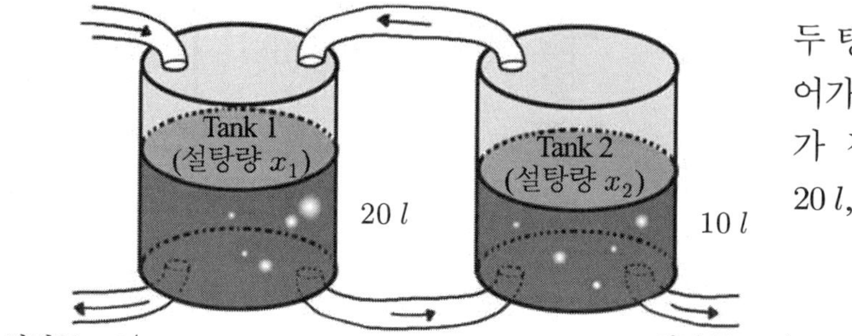

두 탱크 모두 탱크로부터 들어가는 속도와 나가는 속도가 같으므로, 처음과 같이 20 l, 10 l를 유지한다.

답 탱크 1, 2 속에 설탕량을 x_1, x_2라고 하면, 각 탱크 속의 설탕량의 변화 속도 $\dot{x}_1(t)$, $\dot{x}_2(t)$는

$$\dot{x}_1(t) = \text{유입속도} - \text{배출속도}$$

$$= (3\ l/\text{min})(0\ g/l) + (3\ l/\text{min})(\frac{x_2}{10}\ g/l)$$

$$-(2\ l/\text{min})(\frac{x_1}{20}\ g/l) - (4\ l/\text{min})(\frac{x_1}{20}\ g/l) = -\frac{6}{20}x_1 + \frac{3}{10}x_2$$

$$\dot{x}_2(t) = (4\ l/\text{min})(\frac{x_1}{20}\ g/l) - (3l/\text{min})(\frac{x_2}{10}g/l)$$

$$-(1\ l/\text{min})(\frac{x_2}{10}\ g/l) = \frac{4}{20}x_1 - \frac{4}{10}x_2$$

연립 미분방정식이 된다.

그만 나가자.
이젠 집에 가는 거에요?
벌써 어두워졌네요.
대전에 있는 과학관
저기서 맥주나 한잔 하고 가자.
미방아, 3일동안 배운 것을 정리해봐라.
크게 나누면 1계 미분방정식과 2계 미분방정식에 대해서 배웠죠.
키르히 호프
1계 미분방정식의 일반꼴은, $y'+p(x)y=r(x)$ 인데, 제차건 비제차건, 그 일반해는 무조건, 공식 $y(x)=e^{-h}[\int e^{h}rdx+C]$ $(h=\int p(x)dx)$ 대입하면 구할 수 있죠.

1계 미분방정식은 속도에 관계되는 여러 가지 경우에 응용되죠. 즉, 간단한 뉴턴역학, 뉴턴의 냉각법칙, 방사성 동위원소의 붕괴, 맬더스의 법칙, 좀약의 승화, 솜이불의 건조와 전기회로 등에 응용됩니다.
2계 미분방정식의 일반꼴은 $y''+f(x)y'+g(x)y=r(x)$인데 이중에서 가장 간단한 경우인 $f(x)=a,\ g(x)=b$, 즉 상수계수를 갖는 2계 미분방정식 $y''+ay'+by=r(x)$에 대해 주로 배웠죠.

이 미분방정식이 제차, 즉 $r(x)=0$,
따라서, $y''+ay'+by=0$일 때에는
그해를 $y=e^{\lambda x}$라고 가정해서,
이 방정식에 대입해서 구한 특성방정식,
$\lambda^2+a\lambda+b=0$의 근 λ_1, λ_2로부터,
일반해는 $y_h(x)=C_1e^{\lambda_1 x}+C_2e^{\lambda_2 x}$가 되죠.

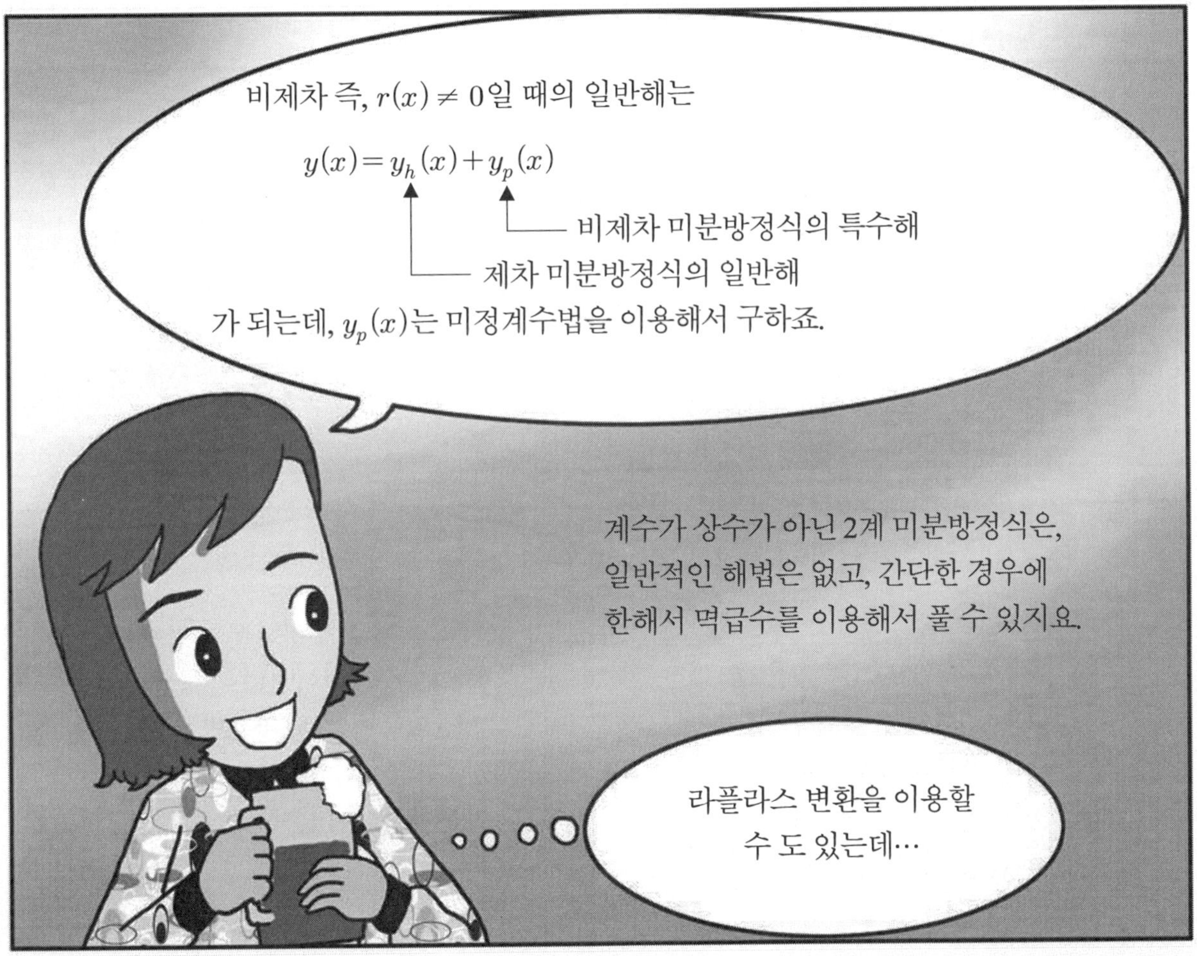
비제차 즉, $r(x)\neq 0$일 때의 일반해는
$y(x)=y_h(x)+y_p(x)$
비제차 미분방정식의 특수해
제차 미분방정식의 일반해
가 되는데, $y_p(x)$는 미정계수법을 이용해서 구하죠.
계수가 상수가 아닌 2계 미분방정식은,
일반적인 해법은 없고, 간단한 경우에
한해서 멱급수를 이용해서 풀 수 있지요.
라플라스 변환을 이용할
수 도 있는데…

2계 미분방정식은 가속도에 관계되는 여러 가지 경우에 응용되는데, 대표적인 것으로는 역학계, 전기계가 있죠. 그 중에서도 특히 공진현상이 제일 재미있었어요.
미방이도 이제 수준급이 됐구나.
미분방정식에는 이외에도 여러 가지가 있단다.
미분방정식
상미분방정식
편미분방정식
선형
비선형
선형
비선형
상미분 방정식이란 변수가 하나뿐인 함수에 대한 미분방정식이란다.
예를 들면, 네가 3일동안 배운 미분방정식은 모두 시간 t만의 함수 $y(t)$에 관한 미분방정식이었지.

또한, 3일동안 배운
미분방정식은 굴비 두름처럼,
항들들이 일렬로 더해져
있었지? 이런 것들을
선형미분방정식이라고
한단다.
나! 굴비
자린고비에
나옴
$y'' + ay' + by = r$

그러니까,
네가 3일동안 배운 미분방정식은
선형 상미분방정식이 되는거지.
비선형 상미분방정식이란,
$y''y + ay'y + by = r$과 같이
이렇게 함수가 곱해져 있는
항들을 가지고 있는
방정식을 말하지.

그런데,
우리가 사는 세상은
4차원시공간이므로 여기서 일어나는
것을 나타내는 함수는
$\phi(x, y, z, t)$와 같이
4개의 변수를
갖는단다.

따라서, 4차원
시공간에서의 변화를 생각할
때는, 무엇에 대한 변화인가를
확실히 해줘야지,
예를 들어서
시간에 따른 변화 $\frac{\partial \phi}{\partial t}$ 인지?
x에 대한 변화 $\frac{\partial \phi}{\partial x}$ 인지?
y에 대한 변화 $\frac{\partial \phi}{\partial y}$ 인지?
z에 대한 변화 $\frac{\partial \phi}{\partial z}$ 인지?
$\frac{\partial \phi}{\partial t}, \frac{\partial \phi}{\partial x}, \frac{\partial \phi}{\partial y}, \frac{\partial \phi}{\partial z}$
등이 들어가는 방정식을
편미분방정식이라고 한단다.
요즘은
컴퓨터 소프트웨어가
발달해서, 미분방정식을
입력하기만 하면 그 해를 바로
구해주는 프로그램들이
많이 나와
있단다.

미방아!
3일동안
재미있었니?
네,
도사님 같은
교수님이 있었으면
좋겠어요.
인연이
닿으면 또
만나자.
펑
어,
도사님!
가버리시면....
술값은
어떻게 해요!!
얘,
미방아~
오늘 시험이라면서
학교 안가니?

어머!
시험시간에
늦겠다.
선형아!
같이가자.
시험공부
좀 했니?
물론이지.
공업수학 만큼은
걱정 없어!
나는 역시
야외수업
체질인
가 봐...

저자 약력

- 서울대학교 공과대학 공학사 및 동 대학원 공학석사
- 주식회사 SKC 선임연구원
- 일본 동경공업대학 공학박사
- 미국 카네기멜론대학교 연구원
- 경상대학교 조교수 및 부교수
- 주식회사 CNK 대표이사
- 미국 어번대학교 교환교수
- 현 경상대학교 교수

저서

- 만화공업수학
- 만화전자기학
- Engineering Math?
- How about it Comics? 외 다수

역서

쉽네! 정보통신 외 다수

공업수학이라면 이제 만화로 공부하세요 (제2판)

1권 미분방정식

2판3쇄발행 2022년 11월 25일

지은이 조재경
펴낸이 오판근
펴낸곳 (주) 교우
주　소 서울시 동대문구 약령시로 8 교우빌딩 2층 (주)교우
전　화 02-925-2861 / **팩　스** 02-925-2860, **편집부** 02-925-2825
홈페이지&북스토어 www.kyowoo.co.kr / 이메일 kyowoo@kyowoo.co.kr

등　록 1994년 3월 24일 제1994-000013호
ISBN 979-11-251-0120-8(97530) / 979-11-251-0119-2(세트)

Published by Kyowoo Co., Ltd. Printed in Korea